本书受西北农林科技大学经济管理学院资助出版

农业绿色技术进步对碳排放的影响研究：机理、效应与政策优化

邓　悦　赵敏娟　陆　迁　著

U0239455

中国农业出版社

北　京

图书在版编目（CIP）数据

农业绿色技术进步对碳排放的影响研究：机理、效应与政策优化 / 邓悦，赵敏娟，陆迁著. -- 北京：中国农业出版社，2024.12. --（中国"三农"问题前沿丛书）. -- ISBN 978-7-109-32136-6

Ⅰ. S-0；S210.4；X511

中国国家版本馆 CIP 数据核字第 20245C1X40 号

农业绿色技术进步对碳排放的影响研究

NONGYE LÜSE JISHU JINBU DUI TANPAIFANG DE YINGXIANG YANJIU

中国农业出版社出版

地址：北京市朝阳区麦子店街 18 号楼

邮编：100125

责任编辑：郑　君　　　文字编辑：张斗艳

版式设计：小荷博睿　　责任校对：吴丽婷

印刷：北京中兴印刷有限公司

版次：2024 年 12 月第 1 版

印次：2024 年 12 月北京第 1 次印刷

发行：新华书店北京发行所

开本：700mm×1000mm　1/16

印张：15

字数：238 千字

定价：68.00 元

全球气候持续变暖的形势下，中国作为碳排放大国，在达成全球减排目标中扮演着重要角色。作为重要的碳排放源，农业碳排放占总碳排放的 17％，进行农业碳减排显得尤为重要。技术进步为实现碳减排创造了新的契机，本研究聚焦于农业绿色技术进步与碳排放的关系，主要围绕三个核心问题进行论述：第一，农业绿色技术进步是否可以减少碳排放，通过何种途径对碳排放产生影响。特别是，不同类型和地区的农业绿色技术进步对碳排放强度的作用路径存在什么不同。第二，农业绿色技术进步的减排效果如何。目前，单一视角已不能反映农业绿色技术进步碳减排的全貌，有必要从时间和空间的维度深入探讨和分析不同类型农业绿色技术进步碳减排效应。第三，不同情景下农业绿色技术进步碳减排的路径差异如何，如何设计科学合理的农业绿色技术进步碳减排政策。

本研究遵循"影响机理—影响效应—情景模拟"的逻辑主线，以农业绿色技术进步理论、低碳农业理论等为基础，并结合国内外已有研究成果，对农业碳排放和农业绿色技术进步的概念内涵与实现逻辑进行了界定和分析，构建了农业绿色技术进步对碳排放强度影响的理论分析框架，分析了农业绿色技术进步对我国碳排放的影响及其机制。然后，从理论层面落实到实践层面，对我国农业绿色技术进步和农业碳排放进行实证研究。从时空和类型异质性视角出发，基于 EBM-GML 和碳计量模型得到基础测度结果，采用链式多重中介效应模型实证检验了农业绿色技术进步对碳排放强度的影响机理，并进一步采用异质性随机前沿模型分析了其影响效应。最后，运用 BP 神经网络模型仿真模拟预测财政支农政策（FIN）、农业价格政策（PP）、经济型环境规制（EPR）和行政型环境规制（CER）四种政策情景下农业绿色技术进步水平对碳排放强度的动态变化。

全书共分为八章：

第一章为导论。从碳排放和农业绿色技术进步背景入手，梳理了国内外研究进展，最后介绍了本书的主要内容及研究框架。

第二章为相关概念和理论分析。对农业绿色技术进步、农业碳排放的相关研究进行梳理和总结，并从替代效应和规模报酬效应角度详细阐述了农业绿色技术进步对碳排放强度的影响的理论分析框架。

第三章为农业绿色技术进步的测度及时空演进。构建农业绿色技术进步的测度模型，详细探讨其存在的时空分异特征，并借助空间杜宾模型分析各影响因素对农业绿色技术进步及其不同类型的空间溢出效应。

第四章为农业碳排放的测度及时空演进。参考相关学者构建的农业碳计量体系，进行了农业碳排放量和碳排放强度的测度。在此基础上，分时间和区域从不同层面对农业碳排放总量和强度进行异质性分析，并进行收敛性评价。

第五章为农业绿色技术进步对碳排放的影响路径。探讨农业绿色技术进步对碳排放强度的影响机理，实证检验农业绿色技术进步通过农业要素投入结构（ES）、农业要素投入效率（EE）和农业要素投入结构（ES）与农业要素投入效率（EE）联动三种作用路径下对碳排放强度的作用路径。

第六章为农业绿色技术进步的碳减排效应。构建了考虑影响因素的农业绿色技术进步碳减排模型，利用该模型分别测算了农业绿色技术进步及其不同类型的碳减排效应，并对其时空分异特征和影响因素进行研究。

第七章为多政策情景下农业绿色技术进步对碳排放影响的情景模拟及优化。设定低速发展情景、基准情景和高速发展情景三大类情景，模拟预测 2020—2030 年农业绿色技术进步对中国农业碳排放的影响，以及财政支农政策（FIN）、农业价格政策（PP）、经济型环境规制（EPR）和行政型环境规制（CER）四种政策情景下农业绿色技术进步水平对碳排放强度的动态变化。

第八章为结论、政策建议与未来展望。针对前文不同类型和时空异质性下农业碳排放的问题，提出农业碳减排的最优选择政策路径，期望为中国农业碳减排提供依据支持与参考。

本书是在笔者博士论文的基础上修改而来的。特此向支持和关心本人研究工作的所有单位和个人表示衷心的感谢。感谢我的女儿、老公和父母给我的精神动力，感谢导师赵敏娟教授、陆迁教授的悉心指导，感谢西北农林科技大学经济管理学院对本书出版的资助，感谢中国农业出版社闫保荣老师及多位编辑对本书出版付出的辛勤劳动。本书有部分内容参考了相关学者的研究成果，在参考文献中一并列出，并表示由衷的感谢。

邓　悦

2023 年 9 月

CONTENTS **目 录**

前言

第一章 导　论

一、研究背景

（一）全球气候持续变暖的形势下，中国作为碳排放大国，在达成全球减排目标中扮演着重要角色。作为温室气体主要排放源，农业碳排放占总碳排放的 17%，进行农业碳减排显得尤为重要

联合国政府间气候变化专门委员会（IPCC）发表的全球气候变化评估报告指出，近一百年来，二氧化碳（CO_2）逐年增加使得地球表面气温上升了约 0.78℃，并指出未来一个世纪内地球表面平均气温将会增加 1.0～3.5℃，海平面也将因此升高 50 厘米。NASA 观测数据也显示，当前全球平均气温较 19 世纪升高了 1.2℃左右，过去 170 年 CO_2 浓度上升 47%。这种极速变化使得枯竭的资源环境，退化的生物群落，下降的地下水位，日益减少的河道、湖泊等陆地和海洋生态系统无法有效平衡，进而造成物种大灭绝、农业作物产量降低、人类健康受到威胁等种种问题。这些研究不得不让人思考，高碳化下极速的变化将因 CO_2 等温室气体产生的气候变化严重影响着生态环境和人类社会的可持续发展，如何实现碳减排已成为国际社会和学界关注的主题。

农业生产是全人类基本的经济活动之一。中国作为农业大国，农业源温室气体排放约占全国温室气体排放总量的 17%（宋博等，2016；陈儒等，2017）。据估计，因农业的扰动，全球每年土壤向大气的碳排放量约为 $0.8 \times 10^{12} \sim 4.6 \times 10^{12}$ 千克，其中，农业源排放的 CO_2、甲烷（CH_4）和一氧化二氮（N_2O）的量分别占人为温室气体排放总量的 21%～25%、57% 和 65%～80%（王昀，2008）。数据显示，中国的化肥用量远高于世界平均

水平（每亩*8公斤），是美国的2.6倍，欧盟的2.5倍，化肥施用量已接近世界的1/3。李波等（2011）和田云等（2011）测算2008年中国化肥的碳排放量达到了4 692万吨，年增速为3.45％，占农业物资投入环节碳排放总量的60％左右，是该环节碳排放产生的主要来源之一；氮肥的投入占到排放总量的17.94％。农业生产投入成为碳排放效应扩大的主要诱因（陈儒等，2017）。从农药用量来看，2015年中国农药用量已达178.3万吨，平均单位耕种面积农药用量高出世界平均水平的3～5倍，且平均利用率仅为36.6％，远低于世界平均水平。田云等（2010）计算得出2008年中国农药的碳排放量已经达到824.98万吨，占农业物资投入总排放的10.5％，年增长率为4.65％。田云等（2010）也测算出2008年中国农膜碳排放量为1 039.63万吨，占农业物资投入总排放的13.25％，年增长率为7.2％。这些都会影响气候、破坏环境。

在全球气候持续变暖的形势下，中国作为农业碳排放大国，在达成全球减排目标中扮演着重要角色。2021年习近平总书记在中央财经委员会第九次会议上提出要把碳达峰、碳中和纳入生态文明建设的整体布局，力争2030年前实现碳达峰，2060年前实现碳中和，以应对气候变化带来的影响，这表明了中国坚定不移走绿色低碳道路的决心。农业是温室气体的主要排放源之一，农业碳减排尤为重要。寻找一条兼顾不断增长的农业生产资料需求的农业绿色低碳转型之路，实现碳达峰、碳中和承诺的目标是巨大挑战。习近平总书记参加2022年十三届全国人大五次会议内蒙古代表团的审议时说过，"双碳"目标是从全国来看的，要按照全国布局来统筹考虑。

（二）农业技术进步为实现碳减排创造了新的契机，特别是，农业绿色技术进步对碳排放影响的研究，对农业向绿色、低碳转型来说，是一项有意义的工作

《增长的极限》一书中曾写道，通过技术创新可避免生态极限危害，技术进步在经济增长与资源环境协调发展中具有重要作用。其他学者们的研究也表明，碳排放变化的主要驱动因素是技术进步（Mizobuchi等，2008；

---

* 1亩＝1/15公顷。——编者注

Ang 等，2009；Okushima 和 Tamura，2010；魏巍贤和杨芳，2010；魏楚等，2010；王锋等，2013；李凯杰等，2012；杨莉莎等，2019）。技术进步为实现碳减排创造了新的契机。然而，并不是所有的技术进步都具有积极的环境效应。特别是，《增长的极限》一书也指出，技术进步并不总能带来环境质量的提高（德内拉等，2006）。

在农业领域内，学界主要集中于农业技术进步对碳排放的影响的研究上，因研究区域、时间跨度以及衡量尺度选取不同，导致研究结果也存在显著差异。学者们认为农业技术进步主要通过减少能源产品的使用和使用更多的低成本能源两个渠道影响农业碳排放（魏玮等，2018）。其中，部分学者认为农业技术进步对碳排放强度具有抑制作用，主要通过规模效率减排（周晶等，2018）。生猪养殖中，技术进步和养殖规模化可削减近一半的碳排放增长量（胡中应等，2018）。而部分学者认为，农业技术进步增加了农业碳排放总量，但可以降低农业碳排放强度，即技术进步对碳排放总量和强度的影响结果并不一致（张永强等，2019；杨钧，2013）。

导致这一分歧的关键原因是，并非所有的技术进步都是清洁的和环保的。然而，大多数研究并未对污染型技术和绿色技术进行细致的区分（谢荣辉，2021）。农业技术进步和农业绿色技术进步对碳排放的影响效果可能也会不一样。因此，仅仅宽泛地考察技术进步的碳排放效应而不区分技术进步的方向，可能无法为中国实现经济发展与环境保护的"双赢"提供科学、有效的引导，甚至可能会误导政策制定者而使他们做出错误的政策判断。农业绿色技术进步作为偏向于节能和环保的技术，其内涵是指与正在使用的绿色技术或管理方式相比，能显著提高农业资源效率或环境绩效的一系列新产品、生产过程或工艺、管理方式、制度设计的进步与创新（杨福霞等，2016）。重点关注农业绿色技术进步，将农业绿色技术进步与其他技术进步剥离，判定农业绿色技术进步的动态演进，在此基础上从理论和实证两个方面着重考察农业绿色技术进步与碳排放的作用机理、减排效应，探析农业绿色技术进步动态演进对碳排放的影响及效应，对农业向绿色、低碳发展来说，是一项有意义的工作。

此外，农业绿色技术进步将产生显著的碳减排效应，但技术进步由污染型向绿色的转变并不会自然发生，这就需要外生的引导和激励。因此，研究农业绿色技术进步对碳排放的影响及其效应，并考察外生的引导和激励作用下的最优的碳减排路径极具意义。特别是，农业绿色技术进步对碳排放作用机理与能源、经济以及环境等多种因素存在着多重关系，需要在充分考虑经济社会未来需求的情况下准确模拟这种复杂关系。在此基础上，探寻农业绿色技术进步会对中国环境带来怎样的影响，探究不同情景下不同时空和类型农业绿色技术进步碳减排的路径差异，开展未来碳排放趋势分析，才能提出科学合理的碳减排建议。这对加快中国农业发展向绿色转型、实现农业碳减排、碳达峰具有重要意义。

基于上述研究背景，本研究构建了农业绿色技术进步影响碳排放强度的理论分析框架，实证检验了农业绿色技术进步及其不同类型对碳排放的影响机理及其影响效应，并从复杂的非线性角度，运用情景分析和 BP 神经网络模型对多政策情景下农业绿色技术进步的碳排放强度变化进行情景模拟与预测分析，期望对提升农业绿色技术进步、加快中国农业发展方式绿色转型、实现农业碳减排具有重要的理论价值和现实意义。

二、研究目的与意义

（一）研究目的

坚持绿色创新发展，推动经济转型是实现中国生态文明建设和碳减排目标的主要思路。为了尽早实现碳达峰目标，我们需要在农业绿色技术进步的动力机制下，最大程度挖掘农业碳减排潜力。农业绿色技术进步会给碳排放强度带来什么改变，如何更好地发挥农业绿色技术进步的作用去推动碳减排，都是亟须回答的重要现实与学术问题。因此，本研究的目的是，在时空和类型异质性视角下，以对农业绿色技术进步对碳排放影响及机理的理论分析为基础，检验农业绿色技术进步对碳排放强度的影响机理，测度各地区农业绿色技术进步的碳减排效应差异，模拟农业绿色技术进步不同情景下碳排放差距，从而为农业碳减排提供理论指导与政策依据。在总体目标的基础上，本研究设定了以下具体目标：

（1）测度种植业碳排放。构建种植业层面的碳产品测度的分析框架，明确了农业碳计量需考虑的因素，测度了农业碳排放，并探究其时空分异、收敛性及其影响因素。

（2）界定并测度农业绿色技术进步。从农业绿色技术进步和农业绿色技术概念入手探讨，并准确把握农业绿色技术进步及其不同类型的时空差异和影响因素。探索和验证2000—2019年中国农业绿色技术进步及其不同类型的时间变化趋势，掌握中国地区间农业绿色技术进步及其不同类型的水平发生空间变化动态。把握农业绿色技术进步及其不同类型的时空格局和影响因素，以便各地区政策设计者能够因地制宜地采取农业绿色技术进步及其不同类型策略。

（3）实证检验农业绿色技术进步及其不同类型对碳排放的影响及其机理。从替代效应和规模报酬效应视角，对农业绿色技术进步对碳排放强度的影响进行数理演绎和传导机制的理论分析。在此基础上，从类型和时空异质性角度，对农业绿色技术进步对碳排放强度的作用路径进行实证检验，分析不同路径存在的差异，并提出促进不同路径农业绿色技术进步实现低碳排放的策略。

（4）测度农业绿色技术进步碳减排效应模型。构建农业绿色技术进步及其不同类型对碳排放强度的效应模型，探析农业绿色技术进步及其不同类型的碳减排效应的演化趋势及空间形成机理。

（5）模拟评估农业技术进步对碳排放的影响。运用情景分析和预测模型模拟分析农业绿色技术进步对碳排放强度的影响，并设定财政支农政策（FIN）、农业价格政策（PP）、经济型环境规制（EPR）和行政型环境规制（CER）四种政策情景下农业绿色技术进步对碳排放强度的影响。基于此，设计切实可行的农业碳管理政策及保障性措施。

（二）研究意义

在农业碳减排的路径研究中，绿色技术进步起到关键作用，对环境气候治理和经济增长等有积极作用。但农业绿色技术进步与碳排放存在何种关系、农业绿色技术进步会形成何种差异性的碳减排效果等均缺少实证支撑。因此，从时空和类型异质性的角度出发，研究农业绿色技术进步对碳排放的影响机理、效应具有一定的理论和现实意义。

1. 理论意义

（1）概念界定。本研究基于农业绿色技术进步研究成果，对农业绿色技术进步和绿色技术进行概念界定，并探讨两者关系，而概念界定也充实了现有农业绿色技术进步理论。

（2）逻辑关系探讨。揭示农业绿色技术进步与碳排放之间的理论关系，并在此基础上阐明农业绿色技术进步与碳排放的内在逻辑关系，为农业绿色技术进步碳减排提供理论与方法支持，也有利于丰富现有的环境治理理论。

2. 现实意义

（1）绿色技术进步政策探讨。目前中国生态发展面临的重要课题，关系到每个人生活质量，也离不开技术进步的推动。论证农业绿色技术进步和碳排放关系的时空变化，可以探讨农业绿色技术进步下碳排放将发生怎样的变化，并为不同时空特征下农业绿色技术进步提出更加稳妥、完善的政策措施建议。

（2）农业碳排放未来情景模拟与政策探讨。情景模拟分析不同情景下农业绿色技术进步的碳减排差距，并为评估不同环境政策的效果提供一个可行的分析框架，也为中国未来一段时期内节能减排政策的合理制定提供理论指引和决策依据。

三、国内外研究动态

（一）农业绿色技术进步的相关研究

1. 绿色技术进步的相关研究

技术进步可以分为生产技术进步和绿色技术进步，前者可以提高生产效率，提高产出质量，但不能节能环保（Cao 等，2017）。绿色技术进步是一种特定方向上的技术进步，从作用效果看，包括所有有利于资源节约和环境保护的技术或管理方式的创新或改进（杨福霞，2016）。同时，据不完全统计，与绿色技术进步相关的包括绿色技术、绿色技术创新和环境技术创新。本章对这些进行详细阐述。

（1）绿色技术进步。现有大量研究都论述了绿色技术进步，绿色技术进步是偏向于节能减排和清洁生产的技术进步（鄢哲明等，2016）。何小钢（2015）等认为，偏向能源节约和清洁生产的技术创新则为绿色偏向型技术创新。杨福霞（2016）将绿色技术进步定义为与正在使用的技术或管理方式相比，在其整个生命周期内，显著提高了某组织单位开发或使用资源的效率或（和）环境绩效的一系列新产品、生产过程或工艺、管理方式、制度设计的创新或推广使用。姚小剑等（2018）认为绿色技术进步生产过程中往往会通过"治污技术进步效应"和"创新补偿效应"两种途径控制污染排放，并且能直接带来资源和能源节约效果，避免、减轻或消除环境污染，提高生产效率。刘英基等（2019）认为绿色技术进步主要通过推进技术向生产前沿面靠近、提升技术应用效率和促进产业结构优化等途径驱动制造业国际竞争力提升。徐红等（2020）认为技术创新对环境质量的影响更多取决于农业绿色技术进步方向，只有当绿色技术占比逐渐提升方能最终转变技术进步方向，实现环境质量改善，但现有研发投入却忽略了绿色技术进步的影响。李风琦（2021）等认为绿色技术进步是治理污染难题的重要手段和环境政策的一个重要部分，并认为其能提高资源使用效率、解决环境污染问题。弓媛媛等（2021）认为绿色技术进步是通过开发或者改良技术、工艺、系统和产品等以实现环境污染降低和环境绩效改进，体现了传统技术进步的绿色化程度。孔繁彬等（2021）认为环境规制具有绿色技术进步导向功能，并通过污染预防技术和污染处理技术的协同进步减少污染产生量、增加污染处理量。Song 等（2022）认为企业的绿色技术进步会影响生产成本，进而影响全要素生产率，并且企业的绿色技术进步影响产出效率，进而影响企业的生产力。

（2）绿色技术。绿色技术是随着环境污染问题产生而兴起的概念，是旨在节约资源、减少环境污染的一系列生产技术、工艺、管理手段等的总称。Kemp 和 Soete（1992）较早地提出了技术绿色化的问题，洞察了技术-经济-生态联系，讨论了技术变革的外部性问题和制度适应的必要性，并讨论了经济增长与技术变革特定轨迹之间的关系，认为环境到达一定承载极限能力后，绿色技术会取代某些技术。后来，Braun 等（1994）在此基础上最早提出了绿色技术的概念，认为该技术是能够减少环境污染、节约能源和自然资源的一系列生产设备、设计等。此外，他们还发现除了对技术的规制，其他各种规制政策如市场调节等都影响着绿色技术的发展。杨发明（1998）将其定义为节能和减排技术，并从环境问题的复杂性出发，认为绿色技术涉及技术的开发和选择环境的改进。万伦来等（2004）认为绿色技术应该有节约、重新利用以及循环功能。OECD（2009）将绿色技术定义为能够减少对环境的影响的任何一项技术、工艺或产业组织形式，并且认为渐进式改进是不够的，现有的和突破性的技术必须更加创新地应用，以实现绿色增长。Krass 等（2013）分析了碳税对创新和绿色减排技术的影响，企业对增税的反应可能是非单调的。最初的增税可能会促使转向更环保的技术，但进一步的增税可能会促使反向转换。Allan 等（2014）认为绿色技术必须减少环境的负外部性，市场工具的灵活性可以对绿色技术传播产生有益影响。Hojnik 和 Ruzzier（2015）认为绿色技术具有降低对环境的负向影响和提高对资源的利用效率两个重要特征，并提出企业生态创新的驱动因素和未来研究方向。国家知识产权局也指出，绿色技术是减少污染排放量、降低资源消耗和改善生态环境的技术体系（姚小剑等，2018）。张永林（2021）认为绿色技术是指能减少环境污染、降低资源消耗和改善生态的技术体系。谢荣辉（2021）将绿色技术定义为所有能够直接或间接地有益于资源节约和环境保护的生产技术。

（3）环境技术创新。国内外学者较多地讨论了环境技术创新。其中，Shrivastava（1995）认为环境技术创新作为一种竞争力和具备竞争优势的工具，是使人类活动最大限度地减小对经济生产和生态影响的生产设备、方式、设计以及运输器械工具等。Kemp 和 Arundel（1998）认为有助于改善环境治理、资源节约的技术或者产品就是环境技术创新。吕永龙等（2000）认为环境技术的创新是一个分步骤逐步实现的过程，是能节约或保护能源的设备、方法、设计等。沈斌等（2004）把环境技术创新看作基于可持续发展的技术创新的演进，任何一个实现节约资源、改善环境质量等的环节都是环境技术创新的范畴。陈宇科等（2020）认为绿色技术创新主要在于提高资源的利用率，同时减少环境污染与废物的排放，降低单位产出的资源和能源消耗。沈小波等（2010）认为环境技术创新是污染治理技术和预防技术的创新，具有不确定性和双重外部性。孙冰等（2021）基于有助于资源能源节约、污染排放减少和生态环境保护的专利申请数，研究了环境规制工具与环境友好型农业绿色技术进步创新。李楠博等（2021）从政策环境、经济环境、社会环境和创新环境 4 个维度构建绿色技术创新成熟度评价指标体系。

（4）绿色技术创新。部分学者也提出一个与环境技术创新类似的概念，即绿色技术创新。吕燕等（1994）最早引入绿色技术创新概念，并认为绿色技术创新包括绿色工艺、产品和能源的开发 3 个方面。此后，杨发明

（1998）也认为绿色技术创新包含末端治理技术创新、绿色工艺创新和绿色产品创新。许庆瑞（1999）从产品生命周期的视角定义绿色技术创新，即短期使得外部成本最小化、长期使得总成本最低的技术。钟晖等（2000）将绿色技术创新分为绿色产品创新和绿色工艺创新。袁凌等（2000）认为绿色技术创新包括清洁生产技术创新和开发技术创新两个层次。刘慧（2004）认为绿色技术创新以可持续发展理念为指导，将绿色创新思想融入工艺和产品创新的生产过程。Chen 等（2006）认为绿色技术创新包括绿色产品和工艺的技术革新和环境管理相关创新等。张俊（2014）等区分了绿色技术创新和绿色偏向型技术创新的概念，认为绿色偏向型技术创新囊括绿色技术创新的全部要义，且在创新方向的有偏性、创新速度的内生性、绿色产品边际产出的扩张性、微观主体创新的强动力性等方面进行了拓展。杨发庭（2014）认为绿色技术创新是指无污染、低能耗、可循环、清洁化、促进人与自然和谐的绿色技术快速发展，而开展的各种更有价值的创造性活动。李旭等（2015）将绿色技术创新分为资源节约型和环境友好型绿色技术进步创新等。张永林（2021）认为绿色技术创新是以实现环境保护为目标的管理层面和技术层面的创新。卞晨等（2021）认为绿色技术创新以实现降低消耗、减少污染、改善生态的可持续发展为目标。许林等（2021）认为绿色技术创新是指符合可持续发展的一种技术创新。武云亮等（2021）通过绿色产品创新与绿色工艺创新两个变量来反映绿色技术创新，再基于改进后的熵值法合成绿色技术创新综合指数。

整体来看，这些术语无论是哪位学者哪个组织出于什么目的提出的，基本上都是以改善环境绩效为目的或能带来显著环境绩效改善效果的创新活动（杨福霞，2016）。在具体论述时都包含相关技术的推广使用，从作用过程上来看，内涵均与绿色技术进步的内容一致。

2. 农业绿色技术进步及其相关术语的研究

绿色化的实践过程就是农业绿色技术进步相关概念不断涌现的过程。在农业绿色技术进步的研究上，相关学者将资源节约、环境保护和农业增长纳入统一分析框架，从社会成本的视角测算绿色全要素生产率，进而探析农业绿色技术进步。有学者基于环境因素的农业技术进步率指数和技术效率变化指数研究发现，在环境约束下，我国各地区农业技术进步是递增的，而东、西、中部依次递减（杨俊等，2011；梁俊等，2015；崔晓等，2014），东北地区表现为技术衰退（王德鑫等，2016），非环境技术进步由东向西降低（杨俊等，2011）。李谷成等（2010）研究了环境约束下的农业绿色生产率，发现 1978—1984 年、1985—1991 年、1992—1996 年、1997—2001 年和2002—2008 年的前沿技术进步分别为绿色生产率贡献了 10.23％、2.9％、5.03％、8.29％、5.01％。以上研究大多基于全要素生产率或技术效率分析农业绿色技术进步、环境约束下农业技术进步的空间关系，但缺少深层次分析中国农业绿色技术进步的时空动态演变趋势。黄晓凤等（2019）实证检验了中国 2001—2015 年农业绿色偏向型技术创新的出口贸易效应。闫桂权等（2019）通过考虑非合意产出的农业广义水资源绿色全要素生产率推导出水污染治理技术进步水平。纪建悦等（2019）得出中国海水养殖业的农业绿色技术进步水平总体呈现上升趋势。Ren 等（2021）研究发现绿色技术进步的要素偏向是劳动力养殖面积＞资金；并且绿色技术进步对养殖生产力的促进作用逐渐减弱。He 等（2021）研究发现农业绿色生产技术在中国提高低碳效率中的作用：必要但无效。此外，也有学者探讨了农业绿色技术进步的影响因素，纪建悦等（2019）研究发现，技术推广（基础设施、学历、资金投入）、养殖规模和外贸依存度是海水养殖业农业绿色技术进步的重要影响因素。Ren 等（2021）也发现中国海水养殖绿色技术进步偏差与要素禀赋不匹配的原因是要素价格扭曲和技术推广不足。李静等（2020）研究发现，城市化水平和化肥施用量的增加则会阻碍农业技术进步的绿色产出偏向程度提升，而农村居民收入、农业人力资本、城乡收入、农业政策支持力度等均有助于其提升。

其次，学界还从不同的研究视角对农业绿色技术创新、农业环境技术创新、农业环境创新、农业绿色创新、农业可持续创新和农业生态创新等开展相关研究。Fischer 和 Heutel（2013）等研究了不同类型的政策在绿色技术创新影响一个国家的农业结构演变中如何发挥作用。Razmi（2013）等也研究了农业绿色技术创新如何影响农业碳排放和农业经济增长等问题。陆建明（2015）则研究了农业绿色技术创新与生态环境的相关性等问题。谭政（2016）认为绿色"硬技术"对绿色发展贡献充分，但是忽视了绿色"软技术"的作用发挥。姚延婷等（2016）引入资源与环境因素，测度环境友好型农业技术创新对经济增长的贡献度。此外，刘华楠等（2003）论述了农业绿色科技创新的内涵与特征，并分析其重要性与可行性和战略思想与总体目标。李晓燕等（2020）基于绿色创新价值链视角研究了绿色创新价值链对农业生态产品市场竞争力的影响。易加斌等（2021）基于创新生态系统理论，研究了农业数字化转型的驱动因素、战略框架与实施路径。耿佩等（2020）通过借鉴创新生态系统理论，从技术需求方、技术供给方以及制度环境 3 个方面分析了乡村生态创新技术地方植入的一般性障碍与路径。

3. 农业绿色技术进步的分类

目前绿色技术进步研究主要集中在工业领域。学者们在对绿色技术进步进行相关概念界定时，还对其所涉及的技术进行分类。如 Kanerva 等（2011）将环境技术创新分为 6 类：清洁产品、清洁生产过程、污染控制技术、循环利用、废物处理技术以及净化技术。杜江等（2021）将绿色技术进步分为渐进性和突破性绿色技术进步。Demirel 和 Kesidou（2011）将环境技术创新分为管道污染控制技术、集成清洁生产技术和环境研发技术 3 种。Gans（2011）考察了 3 类更广意义的环境技术创新分类：污染物削减技术类、化石资源节约技术类和化石资源替代技术类。何小钢（2015）等认为，偏向能源节约和清洁生产的技术创新则为绿色偏向型技术创新。Zhou 等（2020）确定了 3 种偏向能源和环境的技术进步，即节能技术进步、减少污染技术进步和支持技术进步（新能源技术进步）。Song 等（2013）基于 Malmquist - Luenberger 对大型热电企业农业绿色技术进步进行了研究，得出电力系统农业绿色技术进步的衡量比较复杂，既包含节能减排的技术进步，又需要综合评价，并第一次通过松弛的 SBM 对节能技术和减排技术进行测算。在 2017 年进行了改进，建立了一个超高效的先进 SBM 模型来测试 EBP 的有效性（Song 等，2017）。Song 和 Wang（2019）根据 Acemoglu（2012）等人的说法定义也将农业绿色技术进步分为节能和减排两类，并研究了参与全球价值链与绿色技术进步的关系。Yang 等（2020）将环境有关的技术进步（EBTP）拆分为减排和节能型技术进步，并通过 2000—2017 年 APEC 经济体空间面板数据集研究了化石能源（FE）和清洁能源（CE）消耗量通过与环境有关的技术进步进行减排。杨发明（1998）也将绿色技术定义为节能和减排技术。周晶森等（2018）认为绿色技术创新包括治理生产和消费过程环境污染的技术创新、事前预防环境污染的技术创新，以及提高要素利用效率等的生产技术创新。随着人们对环境问题的关注日益密切，最近的理论经济学研究正在考虑反映生活质量的环境因素。然而，尽管生产中的技术进步需要增加产量，但因环境而异的技术进步仍需要减少能耗和不良产量（Wang 和 Song，2014）。因此，以环境为导向的技术进步不仅旨在节省能源，而且旨在减少排放。

在农业上，绿色农业技术种类繁多，按生产过程可分为产前、产中和产后绿色农业技术，按事物形态可分为物化型绿色农业技术和软技术。农业农村部印发的《农业绿色发展技术导则（2018—2030 年）》将其分为高效优质多抗新品种技术、环保高效肥料、农业药物与生物制剂技术、节能低耗智能化农业装备技术等 20 大类。杜艳艳等（2012）将农业绿色技术分为无公害技术、应对气候变化的技术、农药化肥替代化技术、节能环保农业技术和资源循环利用的技术。而李旭等（2015）则将绿色技术创新分为资源节约型农业绿色技术创新、环境友好型农业绿色技术创新等。此外，绿色技术具有"现代""节量""少污染"等特征（吴雪莲等，2017），包括资源节约型农业绿色技术和环境友好型农业绿色技术等。

4. 农业绿色技术进步的测度

由于技术进步是一种无形的变量，难以直接进行测度。因此，关于农业绿色技术进步的测度研究一直是该领域内的重点难题。特别是，技术进步可能发生在任何两个输入因素之间的任一方向。其中，环境偏向型技术进步与生产偏向型技术进步不同，后者要求产出增加，而前者要求能源消耗和不良产出随着技术进步而减少（Song，2014）。因此，面向环境的技术进步包括与节能减排相关的技术进步。目前，农业绿色技术进步的测度方法特别多。

第一种是基于科学出版物数据或专利数据的指标替代法。Doranova 等（2010）利用科学出版物数据来研究环境技术，并得出使用本地技术以及本地和外国技术的组合，而不是外国技术的观点。李多（2016）基于世界知识产权组织"国际专利分类绿色清单"，并将通过国家知识产权局网站统计的 1985—2014 年中国清洁技术发明专利数量作为环境技术进步的替代指标。王道平等（2018）利用环境技术专利数量来代表低碳技术创新水平。Wang 等（2018）申请了能源技术专利来衡量技术进步并验证其对中国碳排放的积极影响。彭永涛等（2018）用欧洲专利局（EPO）和美国专利及商标局（USPTO）在 2013 年联合发布的 CPC-Y02 分类体系来代表低碳技术专利，并分析了低碳技术创新的差异化特性。Wang 等（2019）还应用了专利数据来衡量技术进步并分析其对中国经济不同部门碳排放的异质性影响。但是，Liu 等（2020）认为当地区专利用于评估绿色技术创新能力时，会产生偏差，因为专利数量可能反映了绿色技术创新的直接影响。技术进步不仅包括技术变化，例如原始创新、发明、专利等，还包括效率变化（Cheng 等，2017）。此外，也有研究者认为，绿色专利只是绿色技术进步的侧面反映，并非实际绿色技术进步。

第二种是用全要素生产率反映。冯阳等（2016）将碳排放作为生产要素去测度低碳技术进步，并证实其对碳减排的积极影响。孙欣等（2016）采用碳排放为非期望产出的全要素生产率来反映低碳技术进步，发现低碳技术进步能够降低碳排放强度。潘婷（2019）用以碳排放作为非期望产出测算的全要素生产率衡量低碳技术进步。李谷成等（2011）、沈能等（2013）、郑义等（2014）的研究将资源节约、环境保护和农业增长纳入统一分析框架，测算绿色全要素生产率，分析绿色技术进步。Feng 和 Serletis（2014）将环境污染排放作为非期望产出纳入生产率的核算框架中，测算得到绿色全要素生产率以衡量农业绿色技术进步。徐红等（2020）选取绿色全要素生产率指代农业绿色技术进步，并用农业绿色全要素生产率与农业全要素生产率的比值计量绿色技术进步的方向。但是关于"考虑能源投入和污染排放因素的全要素生产率"的研究结果并没有反映偏向技术进步的真正内涵（Song 等，2016）。闫桂权等（2019）将资源节约、环境保护和农业增长纳入统一分析框架，从社会成本的视角测算绿色全要素生产率，进而探析农业绿色技术进步。闫桂权等（2020）借助绿色全要素生产率，进一步分解出绿色投入偏向型技术进步指数。然而，绿色全要素生产率这种测度方法意味着假定不存在技术无效，这是缺乏准确度的（丁珊珊，2017）。

第三种是最普遍的测度法，即将全要素生产率进行拆分，采用Malmquist-Luenberger（ML）测算绿色技术进步。一种普遍用于衡量农业绿色技术进步的采用非参数的 DEA-Malmquist 指数方法（Song 等，2018）进行测度，不需要设定函数模型也不需要考虑数据的量纲。景维民和张璐

（2014）最早在国内使用全局 Malmquist－Luenberger 生产率指数测算农业绿色技术进步指数。纪建悦等（2019）运用 EBM－GML 测算了我国海水养殖业绿色技术进步。孙欣等（2016）利用 EBM－GML 模型对低碳技术进步进行定量测算，采用数据包络分析方法测度有低碳约束的全要素生产率，以此来反映低碳技术进步，发现低碳技术进步能够降低碳排放强度。许冬兰等（2018）采用动态 EBM－ML 指数测度中国工业行业的低碳全要素生产率，并将其分解为纯技术进步和规模效率变动。

此外，Lovell（2003）利用 Malmquist 指数分解出 MATECH、OB-TECH 和 IBTECH 指数。然而，这种方法只是根据生产前沿的旋转和径向偏转来定性评估有偏差的技术变化的方向。此外，它仅限于测量两种类型的输入因素，而 GTP 的特点是输入和输出不同。整体来说，现有文献还缺乏成熟、全面的衡量方法。最后，Werf（2008）、Song 等（2018）、Yang 等（2020）的方法放宽了 AGTP 的约束，基于松弛的测量方法来模拟生产前沿的偏转过程，度量节能和减排绿色技术进步，并最终衡量了农业绿色技术进步（AGTP）。

（二）农业碳排放的研究

1. 农业生产活动中碳排放效应

农业生产具有碳排放和碳汇的双重效应，其中"碳"指的是温室气体（CH_4、CO_2 等）折算的标准碳，并不单指代 CO_2。IPCC 国家温室气体清单指南第四卷界定了农业碳效应主要源于农地、林地、草地上的生产活动，以及土壤呼吸、牲畜的肠道发酵和粪便管理，涉及的主要农业生产活动包括翻耕、灌溉、施肥、施药、农膜使用、农用机械使用、秸秆处理、牲畜的肠道发酵与粪便排放等（陈儒等，2017；Paustian 等，2006）。基于此，本章将具有针对性地对这几项农业活动展开碳效应分析。

（1）种植业生产活动中碳效应分析。

①耕作环节的碳效应。田云等（2011）通过构建相应测算指标计算出 2008 年我国农地利用产生的碳排放总量达到 7 843.08 万吨，因翻耕而产生的碳排放量逐年上升，且已经达到了 48.85 万吨/年，年增长率为 0.38%。其中，耕作方式、种植模式和能源消耗等都表现出碳排放效应。首先，就耕作方式而言，耕作活动通过影响土壤层结构从而产生碳排放效应，翻耕会破坏

土壤结构，影响土壤水稳性团粒结构的形成与稳定性，从而使得土壤极易受到侵蚀（王勇等，2012），导致土壤碳暴露（Song 等，2008），加快了土壤有机碳的分解，相关研究表明每翻耕 1 平方千米土地会产生 312.6 千克的碳排放量（田云等，2011），相对于免耕方式增加 27%～29% 的 CH_4 排放（曹凑贵等，2011）。其次，在种植模式上，轮作和连作生产方式均有利于增强土壤固碳效果，但连作比轮作模式的土壤固碳效果要弱（李小涵等，2010）。最后，耕作过程中农用机械使用的化石能源会产生大量的碳排放（Paustian 等，2006），其中每消耗 1 千克柴油产生的碳排放量为 0.592 7 千克（Solomon 等，2007），翻耕次数越多，碳排放效应越强。

②灌溉环节的碳效应。灌溉环节主要表现出碳排放效应，中国由灌溉引起的碳排放量在 2008 年已经达到 119.75 万吨/年，年增长率为 1.22%（田云等，2011）。灌溉主要通过改变土壤结构进而影响土壤温室气体产生和排放，特别是充分灌溉会增加土壤 CO_2 和 N_2O 排放（宋利娜等，2013），其中灌溉方式、灌溉频率、灌溉量、灌溉时间、灌溉能源消耗等都均会影响碳排放效应。首先，就灌溉方式而言，由于土壤的硝化与反硝化作用，漫灌比其他灌溉方式更易增加化肥消耗，进而产生更多的 N_2O 排放（Sun 等，2008）。其次，就灌溉频率而言，相关学者在苗木土壤呼吸实验中得出，一定的灌溉量范围内，土壤呼吸与灌溉频率呈正相关，灌溉频率越高，土壤的呼吸作用越强，碳排放量越多（Ouma 等，2007；Morugán - Coronado 等，2011）。再次，灌溉量和灌溉时间对碳排放效应也有一定影响，长期淹灌稻田，CH_4 和 N_2O 排放量相对于间歇灌溉方式分别会增加 68% 和 59%（曹凑贵等，2011）。最后，在能源消耗方面，灌溉耗电产生的碳排放量占农业生产资料碳排放总量 59% 以上，其中漫灌耗电碳排放密度为 1 350 千克/公顷，比滴灌方式高 200 千克/公顷（牛海生等，2014），尤其灌溉频率越高，耗能越多，碳排放量就越大。

③施肥环节的碳效应。施肥是影响土壤团聚体中有机碳组分的重要因素（花可可等，2014），有机碳是衡量土壤碳固定（含量）的重要指标，施肥通过影响土壤有机质含量从而产生碳排放效应。据测算，2008 年我国化肥的碳排放量达到了 4 692 万吨/年，年增长率为 3.45%（田云等，2011），占农业物资投入环节碳排放总量的 60% 左右，化肥是该环节碳排放产生的主要

来源之一（李波等，2011）。施肥方式、施肥种类、施肥量以及施肥耗能等都是直接或间接性产生碳排放的主要因素，就施肥方式而言，浅施肥比深施肥的碳排放量高（Schütz 等，1989）；就施肥种类而言，不同肥料碳排放系数也不一样，每千克氮肥、磷肥、钾肥的施用分别会排放 3.932 千克、0.636 千克、0.180 千克的标准碳，施用粪肥每公顷排放 1 913.1 千克标准碳（邓明君等，2016；陈舜等 2015；周贝贝等，2016）；就施肥量而言，过量施肥会减弱作物和土壤的固碳效果，合理配比施肥的碳汇效果最优（田慎重等，2010）；在施肥耗能方面，施肥机械耗能和人工投入等也会产生碳排放效应，其中人工投入每日排放 0.25 千克碳（陈琳等，2011），而施肥耗能系数与耕作、灌溉近似。

④施药环节的碳效应。国家统计局数据显示，2011 年的中国农药生产量已经达到了 265 万吨（王茂华等，2012）。施药量、施药方式、能源消耗等都是影响碳排放效应的重要因素。美国橡树岭国家实验室测算出每千克化学农药会排放 4.934 1 千克的标准碳。田云等（2011）、李波等（2011）据此计算得出 2008 年我国农药的碳排放量已经达到 824.98 万吨，占农用投资总排放的 10.5%，年增长率为 4.65%。总的来说，施药环节主要表现出碳排放效应，且采用生物防控技术可以减少农药施用量，从而减少碳排放量（米松华，2012）。

⑤农膜使用环节碳效应。农膜使用后会分解产生一定的温室气体排放，但是若与其他技术结合使用将呈现固碳效果，产生碳源、碳汇双重效应。Ireea 等测算出每使用 1 千克农膜会排放 5.180 千克的标准碳，田云等（2011）据此测算出 2008 年我国农膜碳排放量为 1 039.63 万吨，占农用投资总排放的 13.26%，年增长率为 7.2%（田云等，2011）。然而，若将农膜与免耕技术结合，即"一膜两年用"，将比翻耕覆新膜的传统处理方式每公顷减少 6 321 千克的碳排量（殷文等，2012）。此外，学者在膜下滴灌实验中发现，因地膜阻挡了土壤与大气的通气性，使得土壤 CO_2 浓度上升 10.4%~94.5%，CH_4 浓度降低 5.1%~47.4%（陶丽佳等，2012）。

⑥秸秆处理环节的碳效应。秸秆的碳排放效应主要来源于秸秆燃烧、秸秆还田等方面。李飞跃（2013）等计算得出若将中国全部粮食作物秸秆露天焚烧约产生 4 770 万吨碳排放量，并伴随大量的其他污染物质释放。在秸秆

还田方面，逯非等（2010）研究得出秸秆还田会增加土壤 CH_4 源效应，其源效应是 N_2O 直接排放的 3.5 倍，秸秆覆盖土壤后还会分解释放出一部分 CO_2（Bavin 等，2009），覆盖量越多，CO_2 排放量越大（Lenka 等，2013），但相比秸秆不还田而言，还田的净碳汇效果要更好（李新华等，2015）。所以，无论秸秆是否还田都会产生碳排放效应，因此必须要重视秸秆处理方式的选择。

（2）养殖业生产活动中碳效应分析。

①畜禽肠道发酵的碳效应。畜禽养殖碳排放效应主要源于动物的肠道发酵，产生碳排放的原理是反刍动物瘤胃内会产生甲烷菌并合成 CH_4 排出体外（孙凯佳等，2015），2008 年美国农业碳排放中肠道发酵产生的排放量占其总排放量的三分之一（Johnson 等，2007），赵一广等（2011）也发现反刍动物肠道发酵产生的 CH_4 占排放总量的 30% 左右，且 CH_4 的温室效应是 CO_2 的 25 倍，所以畜禽养殖中抑制肠道发酵是减少碳排放的关键途径。

②畜禽粪便处理的碳效应。畜禽粪便处理也是碳排放效应主要影响源，王方浩等（2006）测算出 2003 年我国畜禽共产生 31.90 亿吨粪便，刘月仙等（2013）测算出北京市牲畜粪便排放 CH_4 和 N_2O 的平均值分别为 20 万吨、30 万吨 CO_2 当量，王川等（2013）则测出 2008 年中国畜禽粪便 N_2O 的总排放量已经达到了 57.2 万吨。因此，畜禽粪便产生的碳排放效应已对全球温室气体变化产生了重要影响。

（3）农业碳排放的时空特征。

前文详细展示了农业碳排放的来源与特征，但具体到特定视角或特定区域，田云等（2014）发现省域农业碳排放具有空间非均衡性，高值区主要分布在农业大省，低值区主要分布在大都市和西部欠发达省区。何艳秋等（2016）从时空纬度分析了不同主导因素下农业碳排放的阶段性特征和区域差异。李波等（2011）研究发现 1993 年以来我国农业碳排放分为快速增长、缓慢增长、增速反弹回升、增速明显放缓 4 个阶段，并通过 Kaya 恒等式变形分解发现效率因素、结构因素、劳动力规模因素具有抑制作用。后来又发现农业碳排放的增长速度不断下降、增速放缓，且东、中、西部间差距呈缩小趋势（李波，2011）。刘华军等（2013）研究也得出中国农业碳排放总量上升、差距不断缩小，区域间的分化是产生差距的原因。李秋萍等（2015）

研究发现中国农业碳排放具有空间依赖性和空间异质性。邓明君等（2016）发现不同省份不同作物的碳排放量差距极大，一些上升一些下降。张振龙等（2017）发现省际农田土壤和农用物资的碳排放量差距拉大，牲畜养殖的碳排放的差距则不断缩小。黄锐等（2021）研究发现山东省农业碳排放量分为"持续下降型""先上升后下降型""波动下降型"3类，呈现明显的空间非均衡性，表现为先下降后反弹的特征。戴小文等（2020）发现2007—2016年种植业碳排放总量呈快速上升、缓慢上升、略微下降3个阶段。尚杰等（2021）研究发现农业碳排放效率呈现空间关联网络特征，各省份间存在较大差距。郑阳阳等（2021）研究发现农业生产效率对碳排放效应存在空间溢出与门槛特征。

在未来研究趋势下，夏四友等（2020）研究发现，1997—2016年农业碳排放强度逐步下降，空间集聚程度逐步缩小，各地区农业碳排放强度具有明显的分型特征，未来的农业碳排放强度将呈现出继续下降的演化态势。刘杨等（2022）发现2000—2020年农业碳排放总量呈先上升后波动下降趋势，而农业碳排放强度呈逐年降低趋势，并预测山东的农业碳排放总量在2030年前已达到峰值。此外，在碳减排效应的研究上，已有的研究大多数采用普通面板回归、库兹涅茨曲线等方法评估技术进步的碳排放，所得的结果是一种较为模糊的总体评价；利用指标分解技术（包括 IPAT、STIRPAT、Kaya 及 LMDI 等）进行碳排放影响因素分解，利用数学优化方法构建系统模型（MARKAL‐MACRO 模型、GTAP 模型、CGE 模型、蒙特卡洛模型、LEAP 模型、IESOCEM 模型、IPAC 模型）进行实证研究，或能刻画出某个行业技术进步碳减排的演变轨迹，或能估算整个生态系统的碳减排效应，但无法有效评估各省农业绿色技术进步的碳减排效应，更无法有效针对省际差异提出相应的意见，存在一定的缺陷。

2. 农业碳排放的影响因素

碳排放和碳减排的影响因素研究大多基于分解法，可分为结构分解法（SDA）、指数分解法（IDA）和基于数据包络法（DEA）的分解法3种（王班班，2014）。诸多研究从特定视角分析影响农业碳排放的因素。整体来看，影响农业碳排放的因素主要为环境政策、农业经济增长、农业产业结构、环境规制、农业技术进步、农业产业集聚以及碳生产效率（鲍振，2014；胡中应和胡浩，2016；胡中应，2018）。

农业技术进步被认为有利于抑制农业碳排放的增长。鲁钊阳（2013）实证检验了农业科技进步对农业碳排放的影响，发现农业科技水平与碳排放之间存在着明显的负相关关系，即农业科技水平较高的省区，其农业碳排放量较少；而科技存量较低的省区，其农业碳排放量较高。杨钧（2013）的研究却发现农业技术进步整体上会催生更多的农业碳排放，但有利于降低碳排放强度，特别是随着地区人力资本的积累，农业技术进步的碳减排效应会逐步增强。其次，环境政策被认为对农业碳排放有一定影响。比如，行政型环境规制是指政府为解决现实和潜在的环境问题而制定的规范性文件，是农业碳减排政策实施的重要手段（展进涛等，2019）。同时，经济型环境规制是指政府为解决现实和潜在的环境问题而增加的治理费用，以鼓励、调节和引导环境向好发展。胡川等（2018）研究发现经济型的农业政策在技术创新的碳减排进程中起到重要的调节、促进和引导作用。

除此以外，各类影响因素对农业碳排放的影响呈现地区差异，如农业经济发展水平对农业碳排放的主导作用自西向东逐渐减弱，农业经济结构对东部农业碳排放的影响最大，农业经济规模对西部农业碳排放的影响最强（何艳秋和戴小文，2016）。戴小文等（2015）以 Kaya 恒等式剖析农业碳排放驱动因素，发现经济规模扩张是造成农业隐含碳排放量不断增加的主要原因，而经济结构和低碳农业技术进步则会抑制农业隐含碳排放的增长。吴贤荣和张俊飚（2017）利用改进的 Divisa 指数分解方法探讨了农业碳排放增长驱动与减排退耦特征，发现碳排放增长的动因在于农业经济增长，同时农村生活水平与人口规模也会正向驱动农业碳排放增长，而农业技术进步、城镇化和农业碳排放强度则负向影响农业碳排放。同时，陈银娥和陈薇（2018）的研究发现农业机械化和产业升级亦会影响农业碳排放，具体表现在：农业机械化与农业碳排放之间存在负相关关系，而产业升级则与农业碳排放具有正相关关系。

（三）农业绿色技术进步对碳排放的影响研究

关于绿色技术进步对碳排放的研究主要集中在工业领域。绿色技术进步对工业绿色生产率增长和低碳经济发展有正向影响，显著大于绿色技术效率的作用（吴英姿等，2013），且基于绿色增长的技术进步的碳减排绩效大于节能降耗绩效（钱娟等，2017），其既可以降低 CO_2 减排的经济成本，也可以产生"学习效应"（Gerlagh 等，2002）。邵帅等（2022）全面考察了反映经济结构调整和绿色技术进步的多维因素对碳排放绩效的直接效应和间接效应。刘自敏等（2022）判断了产出有偏的绿色技术进步偏向，并进一步检验了碳交易试点政策对于城市产出有偏技术进步及绿色技术进步偏向是否具有促进作用。鄢哲明等（2016）等学者探讨了绿色技术进步对工业产业结构低碳化的影响及其机理。

然而，因研究区域、时间跨度以及衡量尺度选取不同导致研究结果存在显著差异，技术进步对碳排放的影响存在双面性。一方面，部分学者认为技术进步对农业碳排放强度具有抑制作用。魏玮等（2020）学者们认为农业技术进步主要通过减少能源产品的使用和使用更多的低成本能源两个渠道降低农业碳排放。周晶等（2018）通过对生猪养殖的研究发现，技术进步和养殖规模化可削减近一半的碳排放增长量。胡中应（2018）认为，农业技术进步对碳排放强度具有抑制作用，并且技术效率通过规模效率减排。另一方面，张永强等（2019）研究发现农业技术进步增加农业碳排放总量，但降低农业碳排放强度。杨钧等（2013）认为农业技术进步提升农业生产效率，但回弹效应的出现引起生产资料投入的提升，进而可能产生更多碳排放。谢亚燕等（2021）利用面板门槛回归模型检验新疆农业技术进步与碳排放的非线性关系。以城市化水平为阈值时，两者具有双重阈值效应，并且两者呈倒 U 形关系。以经济发展水平为阈值变量时，技术进步对农业碳排放具有不明晰抑制效果。冯奇缘等（2021）实证检验了农业经济增长、技术进步与农业碳排放总量之间的关系。李成龙等（2020）检验了不同影响路径下农业技术进步的碳排放强度，发现农业技术进步并不总是有利于农业碳减排的。尽管研究领域不同，但是以上研究仍为农业绿色技术进步的深入探讨提供了重要的分析思路。此外，这些研究多以大尺度区域为研究对象，难以衡量绿色技术进步碳减排效应的空间特征与均衡性。因此，进一步探讨农业绿色技术进步碳减排效应的时空异质性十分必要。

此外，国内外学者对不同类型技术进步的碳减排效应研究逐步深入。从技术外生到技术内生，从广义技术进步到具体类型的技术进步，表明学者们也逐渐意识到不同类型的技术进步对碳减排的影响是存在差异的，不同类型的技术进步对碳排放的作用效果不一。王班班等（2014，2015，2017）研究发现技术进步偏向方向不同对能耗强度影响具有差异性。张文彬等（2015）实证发现广义技术进步和能源利用技术进步增加碳排放，区域存在显著异质性。何小钢等（2012）实证验证了偏向型技术进步在中国工业节能减排方面的积极作用，但也证明存在区域分异的特征，不同地区技术进步对 CO_2 排放的影响存在较大差异。

最后，关于技术进步碳减排效应的影响因素研究，多数学者认为支农财政、农村人力资本、农业产业结构、能源禀赋和农业经济水平等是影响技术碳排放的主要因素。其中，支农财政与技术进步偏向的交互项对农田利用碳排放强度的影响存在区域差异（吴伟伟等，2019）。农业人力资本的提升也有助于农业技术进步对碳排放产生积极作用（杨钧等，2013），西部地区的农村人力资本和农业产业结构抑制农业技术进步碳增排作用（张永强等，2019）。人力资本和农业经济发展水平的提升，让农业技术进步与碳排放效率之间分别为倒 U 形和正 U 形关系（雷振丹等，2020）。此外，农户会根据自身的技术水平、成本收益以及市场的发展状况来决定是否改进技术（王浩等，2012）。以上研究都表现出农户或农业企业积极地适应外部政策或环境，并逐渐在农业生产中采用生产技术，从而降低碳排放。

（四）国内外研究述评

本研究分别对农业绿色技术进步、农业碳排放和农业绿色技术进步对碳排放的影响等进行梳理和总结。整体来看，主要包括以下几方面：一是相关学者关于农业技术进步对碳排放的影响研究，为本书进行农业绿色技术进步与碳排放关系的深入探讨提供了重要的分析思路。二是农业绿色技术进步对碳排放的作用机制较为复杂，不同类型农业绿色技术进步的影响机制和效应不同，学界鲜有其影响碳排放作用路径的研究。在全面梳理已有文献的基础上，对农业绿色技术进步与碳排放进行深入探讨不仅能够明确农业绿色技术进步与碳排放的概念内涵，也能完善农业绿色技术进步对碳排放的作用机制，同时亦是对现存文献资料的有益补充。此外，农业绿色技术进步与碳排放的相关研究在分析角度和解决方法上仍具有一定的创新空间，具体来看：

第一，在农业绿色技术进步内涵和分类方面，目前农业绿色技术进步理论尚不成熟，现有文献主要是通过将资源与环境因素纳入农业绿色技术进步研究的分析框架中，但农业绿色技术进步与碳排放的内涵丰富且涉及因素较多，对于农业绿色技术进步的分类研究仍需加强。

第二，在农业绿色技术进步与碳排放的作用机制和效应方面：①基于技术进步广义概念，对绿色技术进步的研究起步较晚，多集中于定性研究，或者多依据技术进步或者偏向性技术进步分析当前碳排放问题，忽略了依据农业绿色技术进步分析碳排放问题，不仅缺乏农业绿色技术进步的碳减排效应的理论支撑，也缺乏农业绿色技术进步对节能减排的贡献的实证支撑。特别是，由于农业绿色技术进步及其类型的衡量并不存在统一的指标，指代变量选择的差异性和考察期间的不同，不同类型农业绿色技术进步对碳排放是否存在影响以及影响效应如何，仍然存在一定的分歧。②其次，单一视角已不能反映农业绿色技术进步对碳排放影响的全貌，而鲜有异质性农业绿色技术进步对碳排放的影响的研究。"一刀切"的碳减排技术政策容易降低农业绿色技术进步的碳减排效应，甚至会增加农业碳排放。同时，现有关于农业绿色技术进步对碳排放两者关系的研究大多以全局模型为主，缺少时空层面的研究，忽视了空间位置重要性和非平稳性。③现有文献都证明了绿色农业生产技术可以产生相应的碳减排效应，但这些文献大多是试验田数据，在一个整体的环境中所产生的碳减排效应尚未可知。

第三，在碳减排效应的研究方法上，现有研究多用普通面板回归、库兹涅茨曲线等较为模糊的总体评价方法评估；利用指标分解技术（包括IPAT、STIRPAT、Kaya 及 LMDI 等）进行 CO_2 排放影响因素分解，利用数学优化方法构建系统模型（MARKAL－MACRO 模型、GTAP 模型、CGE 模型、蒙特卡洛模型、LEAP 模型、IESOCEM 模型、IPAC 模型）进行实证研究，或能刻画出某个行业技术进步碳减排的演变轨迹，或能估算整个生态系统的碳减排效应，但无法有效评估各省农业绿色技术进步的碳减排效应，更无法有效针对省际差异给出相应的意见，存在一定的缺陷。

第四，不同学者从不同角度切入分析了农业绿色技术进步对碳排放的影响，而对不同情景下农业绿色技术进步对碳排放的差距分析相对较少，有待进一步补充研究。

因此，本研究将以农业绿色技术进步对碳排放的影响机理及效应为研究对象进行进一步分析，在理论方面，深入分析农业绿色技术进步对碳排放的影响机制，并测度农业绿色技术进步影响农业碳排放强度的效应，在此基础上，基于不同情景模拟农业绿色技术进步对农业碳排放强度的影响。在实证方面：①拓展农业绿色技术进步内涵，并在作用目标的基础上对其进行分类，在资源环境约束的基础上对农业绿色技术进步进行测度和分析，并选择指标对其不同类型进行分析；②从异质性出发，探讨农业绿色技术进步对碳排放的影响机理时，从时空和类型角度分析农业绿色技术进步对碳排放的影响效应；③在情景视角下分析农业绿色技术进步对碳排放强度的影响，并运用 BP 神经网络模型等方法进行预测，以此丰富农业绿色技术进步对碳排放强度影响的研究。

四、研究思路、技术路线和研究内容

（一）研究思路

本研究遵循"影响机理—影响效应—情景模拟"的研究思路，基于农业绿色技术进步和低碳农业发展等理论，从全球气候变暖的农业碳排放问题和农业绿色技术进步是碳排放变动的关键性因素的现实背景出发，提出本研究拟解决的现实问题——农业绿色技术进步是否可以减少碳排放？通过何种途径对碳排放产生影响？农业绿色技术进步的碳减排效果如何？目前，单一视角已不能反映农业绿色技术进步碳减排的全貌。因此，有必要从时间和空间的维度深入探讨和分析不同类型农业绿色技术进步碳减排的路径差异和效应，以及不同政策情景下农业绿色技术进步碳减排的差异，并据此提出科学合理的碳减排建议。

因此，本研究通过界定农业碳排放和农业绿色技术进步的内涵，并利用经济学的相关理论，从替代效应和规模报酬效应角度阐述农业绿色技术进步对碳排放的影响，构建了农业绿色技术进步对碳排放强度的影响理论分析框架。在此基础上，深入探讨了时间和空间维度下农业绿色技术进步及其不同类型对碳排放强度的影响机理、碳减排效应。最后，对农业绿色技术进步在不同政策情景下的碳排放强度预测值进行比较并提出相应对策，期望为农业绿色技术进步以及农业可持续发展提供进一步完善和研究的方向。

（二）技术路线

技术路线图如图1-1所示。

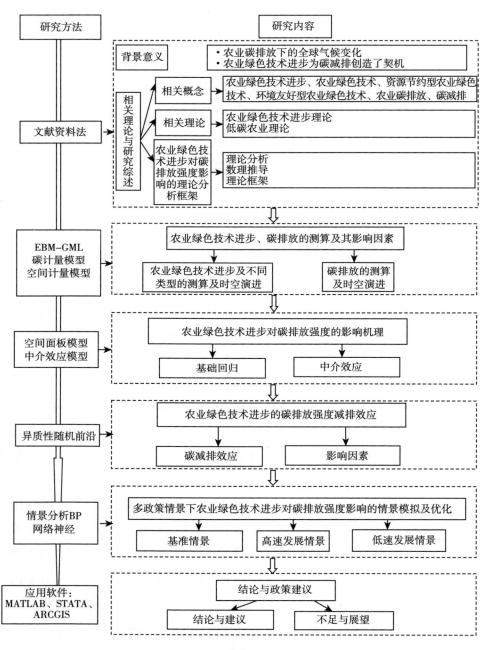

图1-1　技术路线图

（三）研究内容

农业绿色技术进步对碳排放的影响机理及效应是本研究的主要内容。首先，本研究在对农业绿色技术进步和农业碳排放分别进行测度与分析的基础上，论证了农业绿色技术进步及其不同类型对碳排放强度的影响，并深入研究了农业绿色技术进步及其不同类型对碳排放强度的影响作用路径差异。其次，测度了在各影响因素下农业绿色技术进步及其不同类型的碳减排效应。最后，基于不同情景，模拟分析农业绿色技术进步及其不同类型的碳排放强度差距，并提出了相应对策。具体内容如下：

1. 基于农业绿色技术进步对碳排放强度的理论分析框架

首先，本研究对农业绿色技术进步、农业碳排放的相关研究进行梳理和总结。其次，从替代效应和规模报酬效应角度阐述农业绿色技术进步对碳排放强度的影响的理论分析框架。

2. 农业绿色技术进步的测度及时空演进

第三章从时间和空间维度对农业绿色技术进步及其不同类型的动态演变特性进行探讨，实证检验其存在的时空分异特征。同时，借助空间杜宾模型分析各影响因素对农业绿色技术进步及其不同类型的空间溢出效应。

3. 农业碳排放的测度及时空演进

第四章参考相关学者构建的农业碳计量体系，进行了农业碳排放量和碳排放强度的测度。在此基础上，从时空异质性角度考虑，分时间和区域从不同层面对农业碳排放总量和强度进行时空变化分析，对农业碳排放强度的变动及其收敛性进行评价。

4. 农业绿色技术进步对碳排放强度的影响机理

第五章在构建的理论分析框架的基础上进一步实证检验。首先，借助于面板回归分析模型，检验农业绿色技术进步及其不同类型对碳排放强度的总体影响和区域影响。其次，利用中介回归效应模型，对农业绿色技术进步及其不同类型对碳排放的作用路径进行实证检验，研究农业绿色技术进步通过农业要素投入结构（ES）、农业要素投入效率（EE）和农业要素投入结构（ES）与农业要素投入效率（EE）联动三种作用路径下对碳排放强度的影响。

5. 农业绿色技术进步的碳减排效应

农业绿色技术进步的碳减排效应研究的核心问题为如何测度农业绿色技术进步的碳减排效应，即采用何种方法测算出农业绿色技术进步碳减排实际值。第六章构建了考虑影响因素的农业绿色技术进步碳减排模型，并利用该模型分别测算了农业绿色技术进步及其不同类型的碳减排效应，并对其时空分异特征和影响因素进行研究。

6. 多政策情景下农业绿色技术进步对碳排放强度的情景模拟与优化

基于前文构建的农业绿色技术进步对碳排放的作用路径机制和碳减排效应测算模型结果，第七章总计设定三大类情景，主要包括：低速发展情景、基准情景和高速发展情景，模拟预测 2020—2030 年农业绿色技术进步对中国农业碳排放的影响。同时，设定财政支农政策（FIN）、农业价格政策（PP）、经济型环境规制（EPR）和行政型环境规制（CER）四种政策的三大类情景，探讨在多政策情景下农业绿色技术进步对碳排放强度的影响。在此基础上，提出农业碳减排的最优选择路径和对策。

五、研究方法和数据来源

（一）研究方法

本研究采用了文献分析法、概念分析法、理论分析法以及实证分析法等方法。具体运用如下：①运用文献分析法，了解国内外关于农业技术进步、农业绿色技术进步、农业绿色技术以及农业碳排放等相关研究成果，进而了解研究内容的国内外最新动态与研究进展，找到了本研究的创新之处和切入点；②运用概念分析法，界定农业绿色技术进步的内涵和外延，并分析农业绿色技术进步与碳排放之间的关系，为本研究的进一步开展提供了理论准备；③运用理论分析法，从理论层面探究农业绿色技术进步与碳排放的作用机理、解读农业绿色技术进步对碳排放影响的理论框架以及探讨碳排放关注的主要问题，并揭示其内在逻辑；④运用实证分析法，对中国农业绿色技术进步与碳排放二者关系进行实证研究。本研究主要采用了空间计量分析等工具，将资源经济学、空间计量经济学、管理学、地理学等相关学科内容交叉应用于本研究。

实证分析主要运用了 EBM - GML、探索性空间数据分析模型（ESDA）、碳计量模型、收敛模型、动态面板 GMM、链式多重中介效应模型、空间杜宾模型（SDM）、核密度模型（KDE）、异质性随机前沿模型、ArcGIS 可视化方法、情景分析法（Scenario Analysis）以及 BP 神经网络模型等方法。基于农业绿色技术进步对碳排放强度影响的理论分析框架，从时空和类型异质性角度，验证农业绿色技术进步和碳排放的关系与二者作用路径，评估农业绿色技术进步碳减排效应，并据此模拟在不同情景下农业绿色技术进步碳减排效应的差异，进行了农业绿色技术进步与碳排放的设计及比较，提出农业碳减排的相应对策，以期实现中国农业环境持续改善的新局面。本研究借助的技术软件为 Matlab 2016a、stata 15.0、Eviews 6.0、Geo Da 2.0 和 ArcGIS 10.2 等，在了解相关软件功能的基础之上，对具体的运用方法和研究内容概括如下：

①测算中国农业碳排放的水平。本研究运用碳计量模型测算了中国各地区农业碳排放的水平，并运用 ArcGIS 可视化方法分析了农业碳排放的时空发展水平。最后，还采用收敛（σ 收敛、绝对 β 收敛、条件 β 收敛）模型分析了农业碳排放的收敛状态并识别了主要影响因素，为农业绿色技术进步与碳排放的实证研究做了铺垫。

②测算中国农业绿色技术进步的水平。本研究采用 EBM - GML 模型测度农业绿色技术进步指数，采用替代指标法测度不同类型农业绿色技术进步指数，并运用 Kernel 核密度估计和探索性空间数据分析模型（ESDA）分析了农业绿色技术进步及其不同类型的时空发展水平。最后，运用空间杜宾模型识别分析了农业绿色技术进步及其不同类型的空间溢出效应及影响因素，这也为农业绿色技术进步与碳排放的实证研究做了铺垫。

③探究中国农业绿色技术进步与碳排放的影响机理。本研究运用动态面板 GMM 模型探讨了农业绿色技术进步及其不同类型对碳排放的影响。其次，从替代效应和规模报酬效应入手，借助链式多重中介效应模型，分别检验了不同区域和类型的农业绿色技术进步对农业碳排放强度的作用路径。

④评估中国农业绿色技术进步碳减排效应。本研究利用异质性随机前沿模型评估各影响因素控制下的农业绿色技术进步碳减排效应，并采用 Arc-GIS 可视化方法分析了其时空发展水平。

⑤模拟预测在不同情景下中国农业绿色技术进步碳排放强度的演化趋

势。本研究，即利用情景法设置了 2020 年至 2030 年农业绿色技术进步对碳排放强度影响的四种情景，即财政支农政策（FIN）、农业价格政策（PP）、经济型环境规制（EPR）和行政型环境规制（CER）四种政策情景模式。最后，利用 BP 神经网络模型，模拟预测农业绿色技术进步水平变动对中国碳排放强度的影响，以及在多政策情景变动下农业绿色技术进步对碳排放强度的影响。

（二）数据来源

本研究以狭义农业——种植业为研究对象，以中国 30 个省份（不含港澳台和西藏）为研究区域，时间跨度为 2000—2019 年。相关数据均来源于《中国农村统计年鉴》、《中国农业机械工业年鉴》、《中国农业统计年鉴》、《中国统计年鉴》和国家统计局。

六、可能的创新之处

根据研究内容与研究结论，本研究主要在内容、方法和视角 3 大方面进行了创新：

内容创新：①以往较少有关于农业绿色技术进步的研究。本研究区分了技术进步方向，弥补了农业绿色技术进步领域的研究空白，研究了农业绿色技术进步对碳排放的影响，解决了现有研究多以技术进步对碳排放的影响研究为主的问题。同时，本研究还将农业绿色技术进步划分为资源节约型农业绿色技术进步和环境友好型农业绿色技术进步两种类型，探讨其对碳排放的影响。②本研究通过情景分析和 BP 神经网络模型构建农业绿色技术进步影响碳排放的仿真模型，对不同情景下农业绿色技术进步对碳排放强度的影响进行仿真模拟，创新地观察了不同情景下农业绿色技术进步的碳排放强度变化趋势，为农业绿色技术进步相关决策与碳排放相关政策的制定提供依据。

方法创新：①本研究采用 EBM - GML 模型衡量农业绿色技术进步的指数。现有模型中，EBM 模型是包含径向和非径向特点的混合距离函数，该方法能同时解决 DEA 中规模报酬不变的假设与现实经济现象相背离和 SBM 模型会损失效率前沿投影值的原始比例信息等问题。②已有关于碳减排效应的研究成果，大多数采用的是普通回归或者 DID 等方法，所得到的结果是一种较为模糊的总体评价，无法估算整个系统的减排效应，也不能有效地评估绿色技术碳减排效应的时空异质性。本研究采用异质性随机前沿模型测度了各影响因素作用下农业绿色技术进步对碳排放的减排效应。

视角创新：①类型异质性视角。鲜有研究对农业绿色技术进步类型进行分析，这容易导致政策的偏差。本研究将农业绿色技术进步划分为资源节约型农业绿色技术进步和环境友好型农业绿色技术进步两种类型，并研究了不同类型农业绿色技术进步对碳排放影响的机理、效应和模拟预测，丰富和深化了农业绿色技术进步对碳排放的影响研究的内容。②时空视角。以往对农业绿色技术进步对碳排放的影响研究探讨较少考虑时间和空间的影响，导致实际应用时在模型设定方面存在一定程度的偏差，继而不利于农业碳减排，使政策制定存在滞后性。本研究在测度结果的基础上，从不同的时间和空间维度探讨了农业绿色技术进步对碳排放影响的机理、效应和模拟预测，从不同的时空视角对其进行全面评价，极大地丰富了农业绿色技术进步碳减排效应的研究内容，也有利于区域政策制定。

第二章 相关概念和理论分析

一、相关概念界定

为了更好地了解农业绿色技术进步对碳排放的影响，有必要首先对本研究涉及的主要概念（农业绿色技术、农业绿色技术进步、农业碳排放）做出明确的界定。

（一）农业绿色技术

技术包括狭义和广义两种内涵。狭义的农业技术是指农业生产中的技能和技巧以及以知识为基础的物化产品，又被称为硬技术（傅新红，2004）。广义的农业技术是指农业生产中人类认识和改造自然所积累的一切技能、经验和知识的总和，包括先进的技能和技巧、以知识为基础的物化产品、先进的农业管理方法和理念、新型农业经营主体的培养、各种农业经营制度的创新、技术服务的完善等，又被称为经济管理技术或软技术（罗慧，2022）。

1. 农业绿色技术的内涵和定义

由于环境治理成为日益关注的重点，农业技术的内涵被进一步拓展。参考相关研究，本研究将狭义的农业绿色技术定义为一切直接或间接地有益于资源节约和环境保护的农业生产中的技能和技巧等，包括一系列减少环境污染、改善生态环境的农业技术，比如节水灌溉、土地质量保护和改善、化肥和农药减量增效和废物资源化利用等农业技术。将广义的农业绿色技术的概念定义为一切直接或间接地有益于资源节约和环境保护的一系列技艺，先进农业管理技能、经验和理念，创新的制度，完善的技术服务，等等。

2. 农业绿色技术的分类及其定义

在研究绿色技术的同时，国内外学者们还将绿色技术的分类作为研究的重点。吴雪莲（2017）认为农业绿色技术具有"现代""节量""少污染"等特征，联合国粮农组织认定农业绿色技术具有节约资源、保护环境等五大主要特征。因此，从农业绿色技术有益于资源节约和环境保护的作用特征出发，并参考相关研究成果，本研究将农业绿色技术归纳为资源节约型农业绿色技术和环境友好型农业绿色技术两大类，如表 2-1 所示。当然，因资源节约与环境友好的形式、状态和过程紧密相关，两类技术之间并未有明确的界限。两类绿色技术的具体内涵如下：

①资源节约型农业绿色技术。"资源节约"是指在社会发展过程中，可以提升资源绩效，实现自然、社会、经济和科技等物质资源的节约使用和优化配置（李旭等，2015）。资源节约型农业绿色技术是指以提高农用资源利用效率为目标，减少农用资源消耗的新的或改进的产品、生产工艺、技术等，包括农用资源效率提高技术及农用资源替代技术两种。具体方式是：减少化肥、农药等生物化学要素的生产资料投入，建立资源高效利用的耕作模式；增加生物质肥、循环电的利用比例，推进节本增效、有机肥代替化肥、节水农业和标准化生产等，探索最优的投入产出效益模式等。

表 2-1 农业绿色技术分类

技术	分类	举例
资源节约型农业绿色技术	农用资源效率提高技术	节水灌溉技术 根系交替灌溉技术 农膜循环利用 秸秆资源化利用技术 节能高效机械式耕作技术 测土配方施肥技术
	农用资源替代技术	秸秆饲料化技术 生物农药使用技术
环境友好型农业绿色技术	农业治污技术	面源污染治理技术 农药包装废弃物回收技术 农膜回收技术
	绿色生产过程和工艺	免耕技术 病虫害物理防治技术 生物农药使用技术

注：部分技术重复出现，与概念界定不冲突。

②环境友好型农业绿色技术。"环境友好"是指在社会发展过程中，有利于环境绩效提升的一切保护社会环境的产品、技术和工艺，以及生产模式、生活模式和消费模式等（李旭等，2015）。该类技术则是主要为达到降低消耗、制止浪费的环境绩效目的，而在农业生产中所开发或使用的新产品、生产过程和技术等。主要包括农业治污技术和绿色生产过程或工艺，如免耕技术、农业废弃物循环与回收技术、重金属污染控制与治理技术、农产品低碳减污加工贮运技术等。

（二）农业绿色技术进步

绿色化实践不仅是一个技术进步作用逐渐凸显的过程，也是农业绿色技术进步的相关概念不断涌现的过程。然而，关于绿色技术进步的定义，无论由哪个机构出于何种目的而提出，其本质基本都是以改善环境绩效为导向或能够带来显著环境绩效改善效果的创新活动（杨福霞，2016）。参考相关研究，本研究将广义农业绿色技术进步定义为，与正在使用的农业技术或管理方式相比，在整个生命周期内，能够提高使用主体资源效率或环境绩效的一系列农业新产品、农业生产过程或工艺、农业管理方式、农业制度设计的创新推广与采用。在数学上，农业绿色技术进步是使技术前沿向前发展或前沿技术普及化的一系列农业产品、农业生产技术、农业管理方式、农业制度设计的创新或采用。根据以上定义，可将农业绿色技术进步的内涵限定在以下5个方面：①出现以环境友好型绿色技术和资源节约型绿色技术为代表的新的绿色技术；②以绿色专利等为代表的相关成果不断涌现；③出现了与之相关的新型产品和材料；④市场主体采用这类技术的积极性提高；⑤技术开发和应用带来的环境效益明显。

因此，绿色技术与绿色技术进步的关系是：绿色技术是绿色技术进步的重要载体，是绿色技术进步的特定领域，能在小范围内更好地反映绿色技术进步。绿色技术被有效采用并发生作用才有绿色技术进步。加之，对绿色技术的采用包括对环境友好型绿色技术和资源节约型绿色技术两种类型的采用。因此，农业绿色技术进步可以分为环境友好型农业绿色技术进步和资源节约型农业绿色技术进步。

（三）农业碳排放

1. 农业碳排放

农业碳排放主要包括农业碳排放总量和农业碳排放强度（CI）。其中，农业碳排放总量主要指农业活动引起的碳排放总量（田云等，2012）。农业碳排放强度（CI）指农业的碳排放强度，又称碳强度，是单位农业生产总值对应的 CO_2 排放量，能更好地反映经济与碳排放的关系。

2. 农业碳减排

农业碳减排包括碳排放总量减排和碳排放强度减排。其中，农业碳排放总量减排定义为当期的农业碳排放总量与前一期农业碳排放总量的差值。农业碳排放强度减排定义为当期的农业碳排放强度与前一期农业碳排放强度的差值。本研究的农业碳减排指农业的碳排放强度减排值（CE）。此外，农业碳排放强度减排值（CE）是农业碳排放强度（CI）的年份差距，本书第六章采用农业碳排放强度减排值差距作为因变量，是为更好地衡量碳排放强度的下降效率，更好地衡量农业碳减排的效应。

二、理论基础

（一）农业绿色技术进步理论

1. 技术进步的理论渊源

农业技术进步主要来源于技术进步，最早可以追溯到熊彼特（1942）在《资本主义、社会主义与民主》中阐述的创新理论。目前，关于技术进步的研究已有较丰富的理论与实证研究基础，研究内容主要包括技术进步的概念、技术进步的相关理论。

（1）技术进步的概念。

技术是改造世界的手段，与生产力的提高相关（杨福霞，2016）。因此，农业技术进步的最终目的是解决农业发展问题。Schmookler 等（1966）和 Mansfield 等（1981）认为技术进步是指在较少的投入下有更多产出，它包括研发新品种、改良旧工艺、改进组织与管理方式、推行新政策或新措施、改进农业资源配置条件等多种途径（张晨，2017）。农业技术进步一般包括狭义和广义两种。其中，狭义的农业技术进步一般指自然科学上的农业硬技术，主要指农业生产技艺、技能等。广义农业技术进步除包括狭义的内容外，还囊括农业管理、决策与智力水平等内容。从技术的开发使用过程来看，这和熊彼特的技术创新理论所涉内容吻合，但与熊彼特着重关注创新不同，该含义更多聚焦于技术进步对整个经济体福利的提升。同时，需要特别指出，在实践中，技术创新和技术扩散的边界很难确定，部分学者通常会用技术创新来描述技术进步的整个过程（Stoneman，1983；杨福霞，2016）。

（2）技术进步的相关理论。

①外生技术进步理论。新古典经济增长理论指出技术进步可以促进经济增长，尤其是长期稳定的增长。20世纪40年代，哈罗德-多马模型将技术进步当作经济系统的外生变量。Solow（1957）验证了技术进步在经济增长中的重要性，初步形成了著名的新古典增长理论。此后，Solow对哈罗德-多马模型进行了修正，并提出了索洛模型。该模型假设，技术进步为外生性的，并且外生的技术进步是影响经济增长的重要因素。然而从整体来说，新古典经济增长理论存在很大的争议，因为它仅仅说明了技术进步的作用，而对技术进步本身没有深入探索，也没有给出合理的解释。

②内生性技术进步理论。内生技术进步理论认为技术进步具有内生性和变动性，是对索洛余值更为细致的探索和解释，应该是从源头上探讨影响技术进步的因素。最早将技术进步定义为内生性的学者是Arrow（1960），他认为内生变量技术进步具有很强的外部性，其他经济组织或制造商可以通过模仿或学习获得技术进步。Romer（1986）在其《报酬递增与长期增长》一书中提出，技术的本质是在一种经济生产活动中把投入要素转化为产出的知识。由于知识积累是外生的、非他性的，在经济中，如果一个企业由于知识积累而获得技术进步，那么其他企业就会模仿或学习这种技术进步。技术进步具有规模报酬递增的特征，这种特征可以使一个国家或一个经济组织保持长期稳定均衡的增长。Lucas（1988）在模型中加入了技术进步，建立了内生经济增长模型。他的理论在过分强调物质资本对经济增长的作用的理论基础上有所发展，认识到了人力资本的作用及其外生影响。因此，Lucas把促进经济增长的因素分为物质资本和人力资本。在具体的实证研究上，Acikgoz和Mert（2014）关注经济增长的源泉，并分析了韩国、新加坡等地，证明技术进步是经济快速增长的根本来源。Silva等（2017）表明，技术创新对国际业务中公司的经济表现有积极影响。Shin等（2019）申明适当的技术进步和基层创新对经济的贡献。Chege和Wang（2020）对肯尼亚204家小企业的调查表明，技术创新对环境友好型企业产生积极影响。

③诱致性技术进步理论。关于技术进步的诱致论，主要包括市场需求诱

致性和要素稀缺诱致性技术进步理论。其中，Griliches（1957）、Schmook-ler 等（1966）最早提出了市场需求诱导型技术进步理论，即以市场需求为导向，市场需要技术进步偏向哪个要素，技术进步的发展方向就是那个特定要素。Hicks（1932）、速水佑次郎和拉坦（2000）等又提出了要素稀缺诱致性技术进步理论。该理论主要内容是，相对要素价格的变化可以诱发要素的替代，产生要素节约，即某一要素相对于其他要素的价格上涨导致该要素相对于其他要素使用量减少的技术进步。除此以外，杜晓君（1994）和徐桂鹏（2012）还提出了政策诱致型农业技术进步，认为农业技术进步的综合效应取决于政府创造的政策和制度环境。同时，他们还验证得出政策诱导效应能够缩短技术进步时间，在短时间内完成技术替代。郭剑雄（2004）提出了劳动改进型技术进步和土地改进型技术进步的概念，以有别于劳动节约型技术进步和土地节约型技术进步。

④技术进步偏向性理论。21 世纪初，技术进步理论有了新的进展。新古典经济理论往往假定技术进步是中性的。然而，在多数情况下，技术进步可能偏向于其中一种生产要素（Hicks 等，1932；Kennedy，1964；Drandakis，1966）。Acemoglu（2002、2011）等在这些研究基础上，将技术偏向性理论进一步扩展至环境领域，提出了环境偏向性技术进步理论（Acemoglu 等，2012；Acemoglu 等，2014；Acemoglu 等，2016）。Schipper 和 Grubb（2000）、Yushchenko 和 Patel（2016）、Bataille 和 Melton（2017）以不同的经济实体为例，证明了能源效率的提高有助于经济增长。Guo 等（2016）还表明，能源技术创新可以促进中国煤炭行业绿色转型。此外，还有学者对清洁技术创新进行深入研究。Marcon 等（2017）证实，巴西跨国公司在其组织创新活动中最常处理"环境可持续创新导向学习"变量，以平衡商业利益与环境可持续增长。Song 等（2017）收集了证据，确认提高环境效率可以可持续地促进经济发展。Khan 和 Ulucak（2020）关于巴西、俄罗斯、印度和中国的研究证实，环境相关技术对绿色增长作出了积极贡献。

2. 农业绿色技术进步的基本思想

（1）从农业技术进步到农业绿色技术进步。

本质上，农业的发展离不开农业的技术进步。传统意义上的农业技术进步对于农业生态环境的影响存在生态环境保护和环境破坏两种可能性。然而，大家判断农业技术进步的标准是市场获得的经济利益。因此，传统农业技术进步更倾向于农业经济发展，技术水平的提高是以农业生态环境质量的下降为代价的（姚延婷等，2018）。然而，解决农业经济价值、农业生态价值和农业社会价值之间的内在矛盾，必须将"绿色发展理念"融入农业技术进步中，实现从传统农业技术进步到农业绿色技术进步的转型。

农业绿色技术进步是降低生产成本、提高全要素生产率的基础。原有技术进步下，清洁和非清洁材料的不当使用、组织结构运行效率低下、不必要的支出扩大等问题，导致保护环境成本和生产成本增加。然而，绿色创新等活动可以降低保护环境成本。此外，考虑产出效率，绿色技术进步除了降低生产成本外，还可以提高生产效率，提高全要素生产率（TFP）。通过绿色创新等活动提高产品质量水平，降低劣质产品的产出率，提高农业的产出效率。相比之下，绿色产品创新意味着产品在满足市场需求的同时更加环保。总之，农业绿色技术进步是绿色可持续发展的关键，通过农业创新，发展先进的生产技术和管理经验，减少了环境污染、降低了生产成本、提高了全要素生产率，实现了环境保护与农业竞争力的协调。

（2）农业技术进步与农业绿色技术进步的区别。

农业绿色技术进步是能够显著改善农业生态环境绩效的技术进步。在促进农业经济增长上，与传统农业技术进步相比，农业绿色技术进步强调应对农业自然资源环境、气候变化、资源稀缺等挑战，具体在驱动因素、知识供给源和侧重点方面存在区别（姚延婷，2018），如表2-2所示。

表2-2　传统农业技术进步和农业绿色技术进步

不同点	传统农业技术进步	农业绿色技术进步
目标	经济效应	经济效应、生态效应、社会效应
成本约束	仅考虑经济成本	考虑经济成本和资源环境成本
驱动因素	市场需求	市场需求和环境规制
知识供给源	现代工业科技	突破现代工业科技，融合绿色理念、绿色新知识
侧重点	增加农民收入和产量	兼顾经济与生态

资料来源：姚延婷（2018）等学者研究成果。

第一，驱动因素。绿色技术的复杂性和特殊性以及绿色市场的低成熟度导致农业绿色技术进步活动的成本更高、市场风险更高、投资回报周期更长（Hottenrott 和 Peters，2012；Corradini 等，2014），从而造成强大的财务约束（Feng 等，2022）。市场诱致性理论认为，市场需求是农业技术进步的主要驱动因素。但是，在市场需求的驱动下，农业生产经营的生产利用方式可能多以对生态环境和环境资源的掠夺式开发和利用为主，忽略了农业资源和农业自然生态环境的持续发展，过分强调经济利益的发展。新技术的市场需求是农业绿色技术进步的重要出发点，但环境的公共性问题导致市场驱动力较弱，所以环境规制成为了农业绿色技术进步的重要驱动因素（戴鸿轶等，2009）。基于环境保护的经济型、行政型政策的环境规制，农业经营主体意识到农业绿色技术进步是经济利好且环境保护的，这也间接有利于农业绿色技术进步和绿色农业技术的应用。与传统农业技术创新相比，由于正的溢出效应和负的环境效应的内部化，环境规制会激励农业经营主体的创新活动，并产生"双赢"的结果。政府通过解决现实和潜在的环境问题而制定的规范性文件或者治理费用，财政支出、补贴、税费和基础设施建设投资等，是绿色农业政策实施的重要手段，在绿色技术进程中起到重要的调节、促进和引导作用（胡川等，2018；展进涛等，2019）。

第二，知识供给源。传统创新理论认为，创新的动力来自市场拉动、技术推动、政府启动等。结合这些理论，一些研究人员从技术创新的角度进行了实证研究。借助外部知识供给，特别是流行的管理知识，降低了管理创新的不确定性，培养了管理者的创新意愿。外部提供的知识是变革的催化剂，促使管理者重新考虑他们的公司开展业务的方式（Naveh 等，2006）。结合环境问题，研究绿色管理创新的动力来源，发现效率需求并不是企业进行管理创新的原因，创新知识的供给直接促进了企业的管理创新。传统农业技术进步易带来农业资源枯竭、生态环境的污染破坏等问题，而农业绿色技术进步将绿色理念、绿色新知识引入农业技术进步，致力于优化配置和治污减排，同时，推进农业经济效益、社会效益、生态效益协同发展，保证农民生产、生活和生态的可持续发展（姚延婷，2018）。

第三，侧重点。与传统农业技术进步的良种技术、农药化肥等以增加农民收入和产量为目标相比，农业绿色技术进步是兼顾经济与生态的技术进步，是集成环境价值和资源节约因素的农业绿色技术进步，是对技术进步"范式"的转变（姚延婷，2018）。例如，提高现有资源利用率，用有机肥代替化肥、推进节水农业、推进标准化生产等技术体系；控制农业环境污染，推广农业药物与生物制剂、耕地质量提升与保育技术、农业废弃物循环利用技术、农业面源污染治理技术、重金属污染控制与治理技术、农产品低碳减污加工贮运技术、种养加一体化循环技术模式等。农业绿色技术进步是一个可持续的发展体系。

3. 农业绿色技术进步的特征

（1）涵盖内容具有广泛性或综合性。首先，农业绿色技术进步包括新产品、生产过程、工艺等看得见的"硬"技术和新的管理方式、组织形式、制度设计、体制建立等"软"技术（姚延婷，2018）。其次，只要单位或者组织第一次使用该技术或管理方式，就定义其属于农业绿色技术进步的范畴，并不要求在市场或全球范围内首次出现。当然，该技术或管理方式可以是新开发的，也可以是引进的，只要对于使用者是"新颖的"即可。最后，有利于实现资源节约或环境绩效改善。只要从整个技术周期看可以节约资源和改善资源环境，就属于农业绿色技术进步。如果一个产品的设计或原材料需要消耗过多资源，但是在后期也节约了很多材料，整体节约了资源或改善了环境也属于农业绿色技术进步。

（2）强调资源效率提升或者环境绩效改善的效果。从作用目的来看，农业绿色技术进步并不局限于那些专门以资源节约或环境绩效改善为目的的创新活动，也包括那些为其他目的的创新活动而偶然或附带产生资源节约或环境改善效果的"无心插柳"的创新行为。当然，一些以资源节约或环境改善为目的的技术进步并未能够如愿产生相应的效果，它仍然不属于农业绿色技术进步的范畴。当然，这对如何判定资源效率提升和环境绩效改善提出了更高要求，其评判方法一定要科学，而评判系统空间边界及时间边界务必要明确。

（3）实现经济增长、资源效率提升和环境质量改善"三重"收益。与中国当前及今后相当长一段时期内保持经济增长、资源节约和环境改善三者协调发展的最终目标一致，本研究将农业绿色技术进步的最终目标定义为提高使用主体资源效率和环境绩效的一系列农业新产品、农业生产过程或工艺、农业管理方式、农业制度设计的创新推广与采用。实际表现为多种形式：在配置资源过多或资源不足的情况下，重新分配资源，减少不良产出；减少废物产生、能源消耗、资源使用和污染，这可能会显著促进降低成本，从而提高环境绩效，推进农业经济效益和生态效益协同发展，实现资源效率提升和环境绩效改善。

（4）农业绿色技术进步的时滞性和空间异质性。技术进步从最初的技术发明到应用推广和采纳需要经历一个过程。而农业绿色技术进步同时兼顾环境友好和资源节约因素，其从技术发明到应用推广和采纳对自然环境的依赖性强，并且受到各区域的自然资源条件限制，从而使各区域很难保证农业绿色技术进步具有同样的时效性。所以从整体来说，农业绿色技术进步是一整套相互关联的技术体系，这决定了其研发、扩散和应用是一项复杂的系统工程，不可能短时期内快速完成，具有时间滞后性。此外，农业绿色技术进步具有空间区域异质性。通常认为一个区域的经济增长能有效地促进创新活动，加强区域信息交流才能促进绿色发展（王建华等，2019）。

（二）低碳农业理论

1. 低碳农业的理论

低碳农业是针对减少碳排放而建立的一种全新农业发展模式，衍生于低碳经济，主要指在农业生产过程中，农作物通过光合作用等固定大气中的碳，从而发挥碳汇功能，减少排放温室气体的生态型农业（王昀，2008）。在此基础上，罗吉文等（2010）学者又提出低碳农业是通过温室气体减排、固碳技术，提高农业生产的碳汇能力，实现节能减排的农业发展模式，具有低排放、低耗能、高效益和高效率特征。骆旭添（2011）也认为低碳农业是在农业生态系统中，通过高效率技术利用等方式节能减排以实现农业生产低碳化，最终达到改善环境目的的可持续发展农业。由上述低碳农业理念可知，低碳农业的关键词包括农业生态环境系统、高效率、减排、固碳、碳排放、碳汇。基于此，本书构建了低碳农业发展理论的逻辑关系图（邓悦等，2021），详见图 2-1。

农业耕作中消耗大量的农药、化肥等生产资料形成了碳排放，而作物又通过光合作用实现相应的碳汇，这构成低碳农业衡量指标基础。因此，碳排放（碳生产）、碳汇构成低碳农业发展理论逻辑关系图最内核的一层。而随

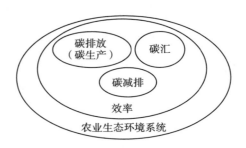

图 2-1　低碳农业发展理论的逻辑关系图

着低碳农业的发展，碳减排也成为农业生产的重要方向，碳减排实质是减少碳排放，也构成了低碳农业发展理论逻辑关系图最内核的一层。而效率提升是低碳农业发展的关键环节，农民通过效率提高等方式进行农业减排，其效果不仅在于碳减排，还通过品种改良等方式促进增汇作用，因此，效率构成了低碳农业发展理论的逻辑关系图的第二层。与此同时，低碳农业的发展与降雨、水资源、土地资源等农业生态环境系统紧密相连，且低碳农业的目标是保护生态环境，改善环境质量，农业生态环境系统就构成低碳农业发展理论的逻辑关系图的第三层。三层系统相辅相成，缺一不可，共同构成了低碳农业发展的逻辑关系图。

2. 低碳农业的内涵与实践

低碳农业发展已逐渐成为农业领域应对气候变化的主要措施，其中低碳农业技术是低碳农业生产模式的核心驱动力。目前学者对于低碳农业技术体系构建的相关研究较少，并未形成一套完整的低碳农业技术体系。有学者研究发现，种植业中农地耕作、灌溉、施肥、施药、秸秆处理和畜禽养殖中动物的肠道发酵、粪便管理均直接或间接表现出碳排放效应，农膜与其他技术结合使用将呈现碳源、碳汇双重效应，天然/人工林草地主要呈现出碳汇效应。同时，对现有的低碳农业技术进行梳理，并有针对性地筛选出各个生产环节具体的低碳农业技术，构建了低碳耕作技术体系、低碳灌溉技术体系、低碳施肥技术体系、低碳施药技术体系、农膜低碳使用技术体系、秸秆资源化利用技术体系、畜禽低碳养殖技术体系、畜禽粪便低碳处理技术体系、林草地保护技术体系等九个方面的低碳农业技术体系，预期将实现固碳减排效果（邓悦等，2021）。总的来说，低碳农业技术体系的构建为农业生产各个环节的低碳发展提供了重要参考，对农业领域内应对气候变化及生态环境保护具有重要意义。

三、农业绿色技术进步对碳排放影响的理论分析

（一）农业绿色技术进步对碳排放影响的理论分析

农业绿色技术进步通过农业要素投入结构替代、农业要素投入效率提升引起碳强度变化，而这种变化可以解释为农业绿色技术进步的替代效应和规模报酬效应两方面的作用引起的碳强度变化。

1. 农业绿色技术进步通过农业要素投入结构替代效应影响碳排放强度

农业要素投入结构替代效应，反映了"替代效应"。农业绿色技术进步的替代效应是指在产量不变的情况下，由绿色技术进步所引起的清洁与非清洁要素投入的相对量的变动。一般情况下，不同比例的非清洁生产要素（E）及清洁生产要素（M）组合可以达到同一既定产出量。在维持一定产出量水平下，清洁和非清洁的生产要素是可以互相替代的。学界一般用边际技术替代率来衡量非清洁以及清洁生产要素投入间的替代关系，即在维持产出量不变的情况下，增加一单位清洁生产要素投入量时所减少的非清洁投入量，以 $MRTS$ 表示清洁生产要素对非清洁要素的边际替代率（姚西龙，2012；王班班等，2014），则：

$$MRTS = \Delta E/\Delta M \qquad (2-1)$$

式中，ΔE 和 ΔM 分别为非清洁要素投入量的变化量和清洁要素投入量的变化量，在一定技术水平下，当清洁生产要素投入量增加，其所能代替的非清洁要素投入量是递减的。

2. 农业绿色技术进步通过农业要素投入效率影响碳排放强度

农业要素投入效率提升路径，也被称为农业非清洁要素投入效率提升，反映了"规模报酬效应"。在经济学中，规模报酬是在假定其他条件不变的情况下，生产过程中按不同或相同比例投入各种要素所引起的产出量的变动。农业绿色技术进步的规模报酬效应对碳强度变动的积极影响是指技术水平的提高能够增加单位清洁要素投入的产出量，使得单位产出所需的要素投入量减少，从而实现单位产出碳排放量的下降。在一定的技术进步水平下，随着生产规模的扩大，开始往往会出现规模报酬递增的阶段，农业碳强度也

不断降低。然后，出现规模报酬不变的情况，清洁要素投入强度保持不变，非清洁要素投入强度的变动对碳强度变动的影响为 0。如果厂商继续扩大再生产，那么就会出现规模报酬递减的情况，非清洁要素投入强度会下降，那么将不利于碳强度的降低（姚西龙，2012；王班班等，2014；鄢哲明等，2016；周喜君，2018；钱娟，2017）。假设如下生产函数：

$$Q \times \lambda^n = f(\lambda E, \quad \lambda M) \qquad (2-2)$$

式（2-2）为 n 次齐次函数，当要素投入均变为原来的 λ 倍时，产量变为原来的 λ^n 倍。如果 $\lambda > 1$，规模报酬递增；如果 $\lambda < 1$，规模报酬递减；如果 $\lambda = 1$，规模报酬不变。当考虑到技术进步时，农业绿色技术进步可以带来规模报酬递增，即 $f(A\lambda E, \quad A\lambda M) > f(\lambda E, \quad \lambda M) = Q \times \lambda^n$。这意味着农业绿色技术进步可以实现既定产量下投入更少的非清洁要素。所以农业绿色技术进步通过提升农业非清洁要素投入效率可以降低碳排放强度。

3. 农业绿色技术进步通过农业要素结构替代效应影响非清洁要素投入效率进而降低碳排放强度

有研究表明农业要素投入结构和农业非清洁要素投入效率优化之间也存在紧密联动，替代效应影响规模报酬效应。通过同比例地提高清洁要素的边际生产率或不同比例地改变要素的投入和使用效率，并且通过改变清洁与非清洁生产要素的投入比例来影响要素投入和总产出（Lin 等，2014），从而影响碳排放强度。

4. 农业绿色技术进步对碳排放的减排效应

农业绿色技术进步，作为一种具备准外部性的生产行动，具有碳减排的效应，将会为整个社会发展带来生态效应。然而，绿色技术的碳减排效应在不同地区通常不会以相同的速度进行（Du 等，2019）。因此，需要了解人类活动，探究农业绿色技术进步的碳减排效应，准确掌握地区碳减排效应的空间关系及其演变规律，并针对不同地区、不同群体以及不同发展阶段下可持续发展的需求与适应能力的差异，指导各地区根据自身碳减排效应特点制定针对性政策。此外，探寻农业绿色技术进步会对中国环境带来怎样的影响？探究未来不同情景下农业绿色技术进步碳减排的路径有何差异？采取何种措施才能推动技术持续进步，进而更好地推动中国农业碳减排进程？不同类型农业绿色技术进步的演化特征会对未来的农业碳排放趋势产生什么影响？研究这些问题，对加快中国农业发展向绿色转型、实现农业碳达峰具有重要意义。

（二）农业绿色技术进步对碳排放影响的数理推导

前文从规模报酬和替代效应层面分析了农业绿色技术进步对碳排放强度的影响，为进一步验证农业绿色技术进步对碳排放强度的理论机理，本研究将从数理模型层面对该影响关系进行推导。本研究基于 CES 生产函数，并借鉴了王班班等（2014）、鄢哲明等（2016）、周喜君（2018）和钱娟（2017）等学者们关于偏向性技术进步对碳排放分析的研究成果，概括地展示了农业绿色技术进步对碳排放强度影响的数理过程。

1. 经济环境

（1）最终产品生产。假定经济发展中存在唯一的最终产品，其生产过程中使用非清洁投入品和清洁投入品，且两种投入品具有竞争性关系。最终产品生产函数采用如下的 CES 生产函数形式：

$$Y = (\alpha_1 Y_E^\rho + \alpha_2 Y_M^\rho)^{\frac{1}{\rho}} \qquad (2-3)$$

式中，Y 表示最终产品产出，E 表示非清洁投入品部门；M 表示清洁投入品部门；Y_M、Y_E 分别表示非清洁和清洁部门的投入品使用数量；α_1、α_2 分别表示非清洁投入品和清洁投入品在最终生产中的相对重要程度，可以在一定程度上反映非清洁和清洁结构，满足 $\alpha_1 > 0$，$\alpha_2 > 0$，$\alpha_1 + \alpha_2 = 1$；ρ 为替代参数，$\rho \leq 1$ 且 ρ 不等于 0。

A 表示农业绿色技术进步，考虑到农业绿色技术进步不仅会影响投入品的使用效率，还会影响投入品在最终生产中的相对重要程度，故设有如下关系：

$$\alpha_1 = \eta A \qquad (2-4)$$

式中，η 表示技术影响程度。农业绿色技术进步会导致非清洁投入品的相对使用量减少，根据边际报酬递减规律，非清洁投入品的相对重要程度会有所增加，且由于技术影响会有一定折损，故设 $0 < \eta < 1$。

（2）投入品生产。假定投入品部门生产的平均成本均为 C，非清洁投入品与清洁投入品的价格分别为 p_E 和 p_M。

2. 经济均衡

给定一个完全不存在干预政策（或称为放任自由）的经济环境，同时假定最终产品价格为 1。

（1）最终产品。在完全竞争市场中，求解最终产品厂商的利润最大化问题，可得非清洁投入品与清洁投入品的反需求函数：

$$\begin{cases} p_E = (\alpha_1 A^\rho Y_E{}^\rho + \alpha_2 A^\rho Y_M{}^\rho)^{\frac{1-\rho}{\rho}} \times \alpha_1 A^\rho \rho Y_E{}^{\rho-1} \\ p_M = (\alpha_1 A^\rho Y_E{}^\rho + \alpha_2 A^\rho Y_M{}^\rho)^{\frac{1-\rho}{\rho}} \times \alpha_1 A^\rho \rho Y_M{}^{\rho-1} \end{cases} \qquad (2-5)$$

（2）投入品生产。假定投入品市场为垄断竞争市场，求解投入品厂商的利润最大化问题，可得式（2-6）：

$$\frac{Y_E}{Y_M} = \frac{\rho A^\rho}{A^{2\rho} - \rho A^\rho} \cdot \frac{\alpha_2}{\alpha_1} \qquad (2-6)$$

3. 农业绿色技术进步对碳排放强度的影响

（1）碳排放强度是单位农业生产总值的 CO_2 排放量，受生产总值和 CO_2 排放量两个因素影响。其定义如下：

$$CI = \frac{dY_E}{Y} \qquad (2-7)$$

式中，d 为碳排放因子。

（2）农业绿色技术进步对碳排放强度的影响机理。

①直接影响。在放任自由均衡下，结合式（2-6）和式（2-7）可得碳排放强度的影响因素：

$$CI = \frac{d}{A} \alpha_1^{-\frac{1}{\rho}} \left(\frac{1 + A^\rho}{1 - A^\rho \rho} \right)^{-\frac{1}{\rho}} \qquad (2-8)$$

式（2-8）展示了农业绿色技术进步对碳排放强度的直接影响，即农业绿色技术水平 A 越高，给定其余量不变，碳排放强度越低。

推论 1：农业绿色技术进步通过直接效应促进碳排放强度的下降。

②间接影响。农业绿色技术进步通过替代效应对碳排放强度（CI）产生间接影响。式（2-4）表明，农业绿色技术进步会正向促进非清洁投入品在最终生产中的相对重要程度。式（2-8）则表明农业要素投入结构对碳排放强度存在直接影响。将两式结合，可以发现：当农业绿色技术进步时，由技术进步导致的要素投入结构改变，将促进碳排放强度的降低。

推论 2：农业绿色技术进步可以通过替代效应，即通过提高非清洁投入品在最终生产中的相对重要程度来改变农业要素结构，从而实现碳排放强度的下降。

③进一步考虑到规模效应的影响。

a. 农业非清洁要素投入效率是农业非清洁要素投入消费总量与总产值比值，定义式如下：

$$I = \frac{Y_E}{Y} \qquad (2-9)$$

式中，I 值越小，表明单位产出所需要的非清洁要素投入量越少，意味着非清洁要素投入效率越高。

b. 农业非清洁要素投入效率对碳排放强度的影响可结合式（2-7）和（2-9）得到如下关系：

$$CI = dI \qquad (2-10)$$

式（2-10）表明，I 值下降，即非清洁要素投入效率的提升会抑制碳排放强度，此即规模效应对 CI 的影响。结合式（2-3）和式（2-9）可得非清洁要素投入效率的影响因素：

$$I = A^{-1}\alpha_1^{-\frac{1}{\rho}}(1-\rho)^{-\frac{1}{\rho}}(\frac{1+A^\rho}{1-A^\rho\rho})^{\frac{1}{\rho}} \qquad (2-11)$$

式（2-11）表明农业绿色技术进步对非清洁要素投入效率值具有直接影响。至此可得推论 3。

推论 3：农业绿色技术进步可以通过规模效应，即通过非清洁要素投入效率的提升实现碳排放强度的下降。

此外，考虑到式（2-4）非清洁要素投入结构与农业绿色技术进步的正向关系，可以发现：农业绿色技术进步对非清洁要素投入效率还存在间接影响，即技术进步会改变要素投入结构，通过提高农业非清洁要素在最终生产中的相对重要程度来改进非清洁要素投入效率，从而抑制碳排放强度。据此，可以归纳出推论 4。

推论 4：农业绿色技术进步可以通过替代效应与规模报酬效应的联动作用实现碳排放强度的下降。

四、农业绿色技术进步对碳排放影响内在逻辑分析框架图

通过前文的分析可知，农业绿色技术进步对农业碳强度的变动是复杂

的，探求农业绿色技术进步对农业碳强度的影响需要弄清四个方面的问题（图 2-2）。

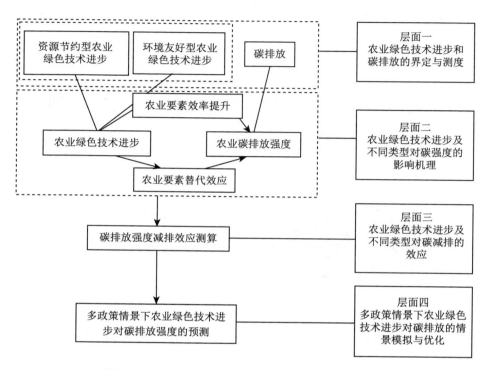

图 2-2　农业绿色技术进步对碳排放影响的逻辑框架

　　第一个层面的问题是农业绿色技术进步定义是什么，如何测度，其时空演化特征如何，影响因素是什么；同时，碳排放的概念是什么，如何测度，其时空演化特征如何，影响因素是什么。

　　第二个层面的问题是农业绿色技术进步对碳强度的影响机理。农业绿色技术进步主要通过替代效应和规模报酬效应影响碳强度，这一部分的理论与数理推导分析在前文已进行阐述。此外，不同类型农业绿色技术进步对碳排放作用路径的差异也值得研究。

　　第三个层面的问题是农业绿色技术进步对碳减排的效应。本文通过模型，明确测定了在各影响因素下农业绿色技术进步的碳减排效应时空演化格局，特别是两种类型的农业绿色技术进步的碳减排效应时空异质性。

　　第四个层面的问题是农业绿色技术进步的碳减排路径。在不同的政策情景下，农业绿色技术进步会对未来的农业碳排放趋势产生什么影响？采取何种措施才能推动其实现持续进步，进而更好地推动中国农业碳减排进程？

五、本章小结

本章首先阐述了农业碳排放、农业绿色技术进步的内涵，界定了研究范围。其次，分析了农业绿色技术进步对碳排放作用的方式，分析了农业绿色技术进步对碳排放影响测度的数理基础，构建了基于农业绿色技术进步的碳减排路径选择的理论基础。

第三章　农业绿色技术进步的测度及时空演进

一、问题的提出

2017 年中共中央办公厅、国务院办公厅发布的《关于创新体制机制推进农业绿色发展的意见》明确指出："推进农业绿色发展，是贯彻新发展理念、推进农业供给侧结构性改革的必然要求，是加快农业现代化、促进农业可持续发展的重大举措。"2014 年的中央 1 号文件特别强调，中国需建立农业绿色发展的长效机制，加大农业生态保护力度，使过度开发的资源得以休养生息，以此促进绿色农业发展。其中，借助新知识、新技术以降低环境污染，通过农业绿色技术进步，提高资源利用效率，促进节能减排，是绿色农业发展的重要手段（金书秦等，2020）。农业农村部印发了《农业绿色发展技术导则（2018—2030 年)》，十分明确地提出了包括"高效优质多抗新品种技术""环保高效肥料、农业药物与生物制剂技术""节能低耗智能化农业装备技术"等在内的农业绿色技术的 20 大类内容。各地政府也大力推广节水旱作农业技术，提升粮食水分生产力；大力推广科学施肥技术，有效提高化肥利用率；大力推广农作物综合栽培技术，促进粮食高产稳产优质。因此，农业绿色技术进步引起了学者们的广泛关注。

普遍观点认为，农业绿色技术进步是现代农业发展的关键支持因素。但是这些绿色技术的变化趋势如何？农业绿色技术进步是否经过时间发展得到了增强？与此同时，绿色技术的创新、推广和采用必然使得中国地区间农业绿色技术进步的水平发生动态变化。因此，光探讨农业绿色技术进步而不细致区分，是无法完全了解农业绿色技术进步的。探讨在时空异质性角度下，不同类型农业绿色技术进步存在什么不同十分必要（Deng 等，2022）。此外，中国幅员辽阔，地区间农业生产要素禀赋差异明显，农业绿色技术进步的影响因素也可能存在时空差异（Cheng 等，2020）。只有清楚把握农业绿色技术进步的现状特征，掌握农业绿色技术进步的作用机制，才能更准确地利用农业绿色技术进步，更彻底地发挥农业绿色技术进步的驱动价值（张传慧，2020）。显然，对这些问题的调查将有助于为决策者提出明确而具体的建议。与此同时，农业绿色技术进步通过农业技术的创新、推广和采用逐步影响农业碳排放。

二、模型构建、变量选择与数据说明

（一）模型构建

1. Epsilon – Based Measure – Globalmalquist – Luenberger（EBM – GML）

目前，农业绿色技术进步的测度方法特别多。第一种是指标替代法，比如专利，但有人认为专利不一定能够带来实际的技术进步，只是一种侧面反映。第二种是利用 Malmquist 指数分解 MATECH、OBTECH 和 IBTECH 指数（lovell，2003）。第三种是利用全要素生产率（TFP）综合反映农业绿色技术进步指数。第四种普遍用于衡量农业绿色技术进步的是采用非参数的 DEA 或 SBM – Malmquist 指数方法（Song ML 等，2018）进行测度，不需要设定函数模型也不需要考虑数据的量纲。然而，在绿色全要素生产率测度方面一般有以径向测度为基础的数据包络分析方法（DEA）模型和以非径向测度为基础的 SBM 模型两种（Tone 等，2001），但 DEA 模型中关于规模报酬不变的假设与现实经济现象相背离，而 SBM 模型会损失效率前沿投影值的原始比例信息，并且当最优松弛度取 0 和正值时会使结果产生显著差别（Tone 等，2001）。此外，这两个模型将非期望产出纳入效率测度分析，不能同时处理径向和非径向的问题（纪建悦等，2019）。为有效解决这些问题，本研究参考 Tone 等（2000）构建了包含径向和非径向特点的混合距离函数 EBM 模型，其表达式如下：

$$\begin{cases} \min\gamma^* = \theta - \varepsilon_x \sum_{i=1}^{m} \frac{\omega s_i^-}{x_{io}} \\ \text{st. } x\lambda - \theta x_{io} + s_i^- = 0, Y\lambda \geqslant 0, s_i^- \geqslant 0 \end{cases} \quad (3-1)$$

式中，x_{io}、Y、λ、s_i^- 分别为投入、产出、权重系数和投入松弛向量；i 为时间变量；γ^* 为各省份农业绿色全要素生产率值；θ 是 γ^* 中的径向成分；ε_x 是一个关键参数，取值为 [0，1]。

同时，为进一步分解得到农业绿色技术进步率，本研究借鉴 Oh（2010）和纪建悦等（2019）的研究，在计算得出绿色全要素生产率的基础上引入 GML 指数分解法得到农业绿色技术进步指数，公式如下：

$$GML^{t,t+1}(x^t, y^t, b^t, x^{t+1}, y^{t+1}, b^{t+1}) = \frac{E^{G,t+1}(x^{t+1}, y^{t+1}, b^{t+1})}{E^{G,t}(x^t, y^t, b^t)}$$

$$= \frac{E^{G,t}(x^{t+1}, y^{t+1}, b^{t+1})}{E^{G,t}(x^t, y^t, b^t)} \times \frac{E^{G,t+1}(x^{t+1}, y^{t+1}, b^{t+1})/E^{t+1}(x^{t+1}, y^{t+1}, b^{t+1})}{E^{G,t}(x^t, y^t, b^t)/E^t(x^t, y^t, b^t)}$$

$$= GML\ EC^{t,t+1} \times GML\ TC^{t,t+1} \qquad (3-2)$$

式中，t 表示时间 t 期；$E^{a,t+1}$ 表示在 $t+1$ 期考虑全局的效率值；GML 为绿色全要素生产率指数，可以分解为 $GML\ EC$ 和 $GML\ TC$，即绿色技术效率和绿色技术进步。

2. Kernel 核密度估计方法

非参数估计的 Kernel 核密度估计方法对模型的依赖性较弱，具有一定的稳健性，是研究不均衡分布的常用方法（毕斗斗等，2015）。

本研究选择高斯核密度函数对中国农业绿色技术进步的分布动态进行估计，其函数表达式如式（3-3）所示。此外，从分布的位置、形态和延展性 3 个方面对比来考察核密度分布的变化。

$$K(x) = \frac{1}{\sqrt{2\pi}}\exp(-\frac{x^2}{2}) \qquad (3-3)$$

本研究即借助此方法对中国农业绿色技术进步的动态分布特征进行分析，其具体公式为

$$F(\bar{x}) = \frac{1}{Nw}\sum_{i=1}^{N}K(\frac{x_i - \bar{x}}{w}) \qquad (3-4)$$

式中，$F(\bar{x})$ 表示农业绿色技术进步的密度函数；$\bar{x}$ 为均值；N 表示观测值的个数；x_i 为独立同分布的观测值；w 为窗宽，w 越大，农业绿色技术进步的密度函数曲线就越光滑，精确度就越低，所以选择较小的窗宽。

3. 空间自相关

全局自相关（Moran's I）和局部自相关分析（Anselin Local Moran's I）

是广泛用于研究空间相关性的分析方法。本研究采用两种方法验证中国农业绿色技术进步的空间相关性，其具体公式为

$$I = \frac{\sum\limits_{i=1}^{n}\sum\limits_{j=1}^{n}W_{ij}(X_i-\bar{x})(X_j-\bar{x})}{\sum\limits_{i=1}^{n}\sum\limits_{j=1}^{n}W_{ij}(X_i-\bar{x})} \qquad (3-5)$$

$$I_i = \frac{(X_j-\bar{x})}{S_X^2}W_{ij}(X_i-\bar{x}) \qquad (3-6)$$

式中，I 为全局空间自相关指数；n 为区域总数；W_{ij} 为空间权重；X_i 和 X_j 分别是省份 i 和 j 的属性；$\bar{x}$ 为属性均值；I_i 为局部空间自相关指数；S_X^2 为观测值方差，其表达式为 $S_X^2 = \sum\limits_{i=1}^{n}\sum\limits_{j=1}^{n}W_{ij}\ (X_i-\bar{x})\ /n$。

4. 空间杜宾模型

空间计量的主流研究方法有空间滞后模型（SAR）、空间误差模型（SEM）和空间杜宾模型（SDM）3 种。相较于空间滞后模型（SAR）和空间误差模型（SEM）两种模型，空间杜宾模型（SDM）考虑了因变量和自变量的空间相关性，具备空间自相关和空间交互效应，在内生性问题上可以得到不被放大偏误的估计值（LESAGE 等，2009）。因此，本研究采用此模型考察各自变量对农业绿色技术进步的影响及空间溢出效应，模型设定如下：

$$Y = \partial + \beta WY + \beta X + WX\gamma + \varepsilon \qquad (3-7)$$

式中，Y 为因变量；β 为邻近省份的溢出效应；W 为空间权重矩阵；X 为自变量；β 和 γ 为待估参数；ε 为误差项。本研究选取了空间邻接权重矩阵作为空间权重矩阵。

（二）变量选择与数据说明

1. 农业绿色技术进步测度模型的变量选择与数据说明

农业生产涉及的要素投入主要包括劳动力、土地、资本。本章农业绿色技术进步测度模型所用数据中，劳动力投入选择种植业从业人员数，土地投入选择农作物总播种面积，产出数据包括期望产出种植业实际增加值和非期望产出农业面源污染指数。其中，劳动力投入是按照当年农林牧渔的就业人数乘以当年种植业总产值与当年农林牧渔总产值比值得出的种植业从业人

员。资本投入参考杨冕和杨福霞等（2019）的研究，主要通过农业资本存量乘以种植业总产值占农林牧副渔总产值比重估算而得，而农业资本存量采用永续盘存法计算得出（李谷成等，2014；Zhang 等，2021）。土地投入选用农作物总播种面积来度量。对种植业实际增加值进行平减处理。农业面源污染指数主要参考梁流涛（2010）、葛继红等（2011）的研究，选取农田面源污染作为非期望衡量指标。

2. 不同类型农业绿色技术进步的变量选择与数据说明

绿色技术被有效采用并发生作用才有绿色技术进步。本书参考替代指标法（He 和 Zhang 等，2021；李成龙，2020），选取节水灌溉技术采用率和免耕技术采用率分别作为资源节约型农业绿色技术进步和环境友好型农业绿色技术进步的替代指标。指标的具体内容是，节水灌溉面积与作物总播种面积之比和免耕面积与作物总播种面积之比。不同类型农业绿色技术进步指标选取原则如下：

"资源节约"是指物质资源的节约使用和优化配置，包括对自然资源、社会资源、经济资源和科技资源等的节约使用和优化配置（李旭等，2015），资源节约型技术以提高农用资源利用效率，减少农用资源消耗的新的或改进的产品、生产工艺、技术等为主。节水灌溉技术具有节水、省工、可改变种植结构、实现水肥一体化建设的优点，能明显实现资源节约效果，是资源节约型技术的典型代表。"环境友好"则指在社会发展过程中，人们采取有利于社会环境保护的产品、技术和工艺，以及生产模式、生活模式和消费模式等，从而尽量减少对环境的负面影响（李旭等，2015）。免耕技术具有提高土壤耕性、增加土壤有机质含量、增加土壤含水量和水分有效性、减少土壤风蚀和水蚀、节省能源、节省机械、节省时间等优点（陈军胜等，2005；王俊华等，2013），可提高农业生产的环境绩效，是环境友好型技术的典型代表（邓正华，2013）。

3. 空间溢出效应的变量选择与数据说明

为探索农业绿色技术进步空间溢出效应，本研究选取的相应指标具体如下：①城镇化水平（City）。本研究以城镇人口与总人口比值表征城镇化水平，比值越高，城镇化水平越高（戴小文，2015）。②农民可支配收入（PIC）。农民可支配收入是农村经济的重要体现，农户都是建立在经济理性和成本收益比较分析基础上来选择生产方向、生产规模以及生产方式等，其在一定程度上影响农业绿色技术进步。可支配收入仍以 2000 年的农村消费指数为基期进行平减处理（潘丹，2012）。③农业技术人员（TEAN）是农业科技质量的重要体现，本研究选用公有经济企事业单位农业技术人员作为农业科技质量的重要指标（张传慧，2021）。④财政支农政策（FIN），该指标数据由各省份用于农业的各项财政支出与财政总支出的比值来表示（周鹏飞等，2019）。⑤行政型环境规制（CER）是指政府为解决现实和潜在的环境问题而制定的规范性文件，财政支出、补贴、税费和基础设施建设投资等是绿色农业政策实施的重要手段，在农业绿色技术进步的进程中起到重要的调节、促进和引导作用（胡川等，2018）。因此，本书以各省份省级当年施行的环境规制政策数量衡量行政型环境规制（展进涛等，2019）。⑥经济型环境规制（EPR），指政府为解决现实和潜在的环境问题而增加的治理费用，以鼓励、调节和引导环境向好方向发展。本书借鉴展进涛等（2019）的研究，采用单位种植业总产值财政环境保护支出来衡量。

为更好地减少模型的误差项和消除数据的非平稳性，本书对数值型数据均进行对数处理，比值型数据使用原始值。在模型中对部分数据进行标准化或缩尾处理。另外，对缺失数据，本书进行插值法处理。各变量描述性统计结果具体如表 3-1 所示：

表 3-1　描述性统计分析结果

变量	平均值	标准差	最小值	最大值
$AGTP$	1.037	0.156	0.602	1.951
$AEGTP$	0.224	0.237	0.014	2.394
$ACGTP$	0.065	0.112	0.000	0.639
$TEAN$	25 041.390	12 569.280	5 680.000	49 667.000
FIN	0.103	0.044	0.013	0.184
CER	31.233	50.862	0.000	235.000
EPR	6.354	3.598	0.904	17.804
PIC	3 641.290	1 984.272	1 374.160	9 299.849

三、农业绿色技术进步的测算与时空演进

（一）农业绿色技术进步的时间动态演进

为直观了解中国农业绿色技术进步动态演进特征，本文以 2000、2006、2012 及 2019 年作为考察年份，绘制农业绿色技术进步及其不同类型的 *Kernel* 核密度估计和指数分布图，分别对农业绿色技术进步（AGTP）和资源节约型农业绿色技术进步（AEGTP）、环境友好型农业绿色技术进步（ACGTP）的时空动态演变趋势进行分析。具体如图 3-1、图 3-2、图 3-3 所示。

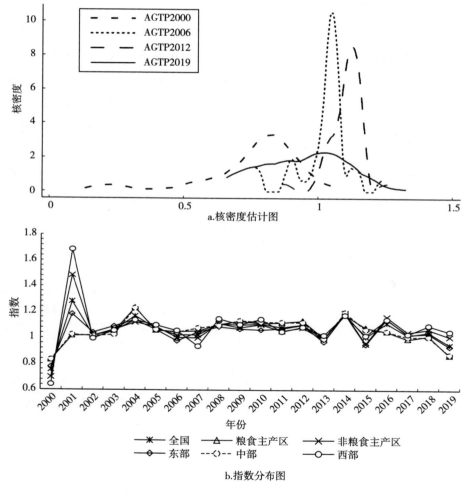

图 3-1 中国农业绿色技术进步（AGTP）的核密度估计与指数分布图

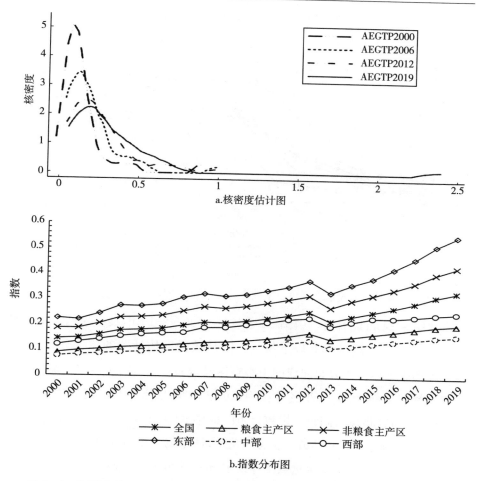

图 3-2　资源节约型农业绿色技术进步（AEGTP）的核密度估计与指数分布图

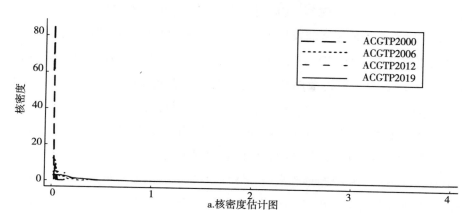

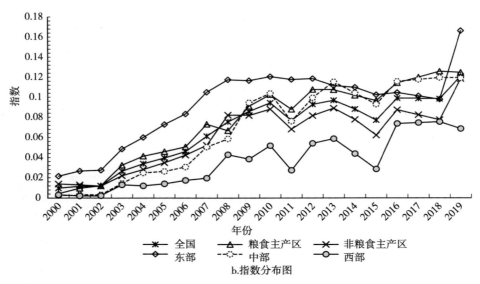

图 3-3　环境友好型农业绿色技术进步（ACGTP）的核密度估计与指数分布图

从图 3-1 可以看出，中国 30 个省份 2000—2019 年农业绿色技术进步（AGTP）的动态演进具有以下特征：①从核密度估计图的位置分布来看，核密度图中全国总体分布曲线的中心整体显著向右又略向左移动，说明研究期内中国农业绿色技术进步（AGTP）整体呈上升状态。这与展进涛等（2019）的研究相似。同时，指数分布图也显示出，除 2000、2013、2015 和 2019 年处于绿色技术退步外，其余年份均是绿色技术进步状态。在《关于做好 2011 年粮食质量安全重点工作的通知》等粮食安全政策和国家强调建立的农业绿色发展的长效机制，以及 2018 年发布的《农业绿色发展技术导则（2018—2030 年）》等政策实施背景下，农业绿色技术进步顶住了生产环境的压力与粮食生产安全的双重压力。此外，通过指数分布图可以看出，农业绿色技术进步（AGTP）整体上升不明显，这与 2017—2019 年农业绿色技术进步（AGTP）略有波动有关。中国目前的农业绿色技术政策，虽然以资源的合理配置、高效和循环利用、有效保护和替代为主，而现有的农用资源节约技术无法跟上粮食安全生产政策，所以为保障粮食安全生产等政策的实施，可能需要消耗更多的资源，所以农业绿色技术进步（AGTP）呈现上升不显著状态。②从分布形态来看，波峰由 2000 年的双峰变为 2019 年的单峰，且主峰的宽度呈"宽峰—尖峰—宽峰"的转变特征。其中，2000—2006

年以多峰为主，峰度逐年上升，且峰型由"宽峰"向"尖峰"转变，密度分布曲线水平跨度缩小。这说明农业绿色技术进步（AGTP）集中程度上升，地区差异缩小。2006—2019年由多峰向单峰发展，峰度逐年下降，且峰型由"尖峰"向"宽峰"转变，密度分布曲线水平跨度变宽。这意味着各地区农业绿色技术进步水平差异逐渐拉大。同时，指数分布图也可以看出，农业绿色技术进步的区域差异呈"缩小—增长"的状态。可能是，部分省份技术水平逐渐"落伍"导致整体的技术水平集中程度下降，地区差异扩大。以上分析也说明，中国农业绿色技术进步（AGTP）水平存在区域发展不均衡现象。

从图3-2可以看出，中国30个省份2000—2019年资源节约型农业绿色技术进步（AEGTP）的动态演进具有以下特征：①从核密度估计图的位置分布来看，全国总体分布曲线的中心经历分布曲线整体"右移"的变动趋势，说明该阶段中国资源节约型农业绿色技术进步（AEGTP）呈上升的状态。指数分布图也验证了该结论。②从分布形态来看，波峰由2000年的多峰变为2019年的单峰，且主峰的宽度呈"尖峰—宽峰"的转变特征。其中，2000—2006年以多峰为主，峰度逐年下降，且峰型由"尖峰"向"宽峰"转变，密度分布曲线水平跨度缩小，说明资源节约型农业绿色技术进步（AEGTP）集中程度上升，地区差异扩大。2012—2019年由双峰向单峰发展，峰度逐年下降，且峰型由微弱的"尖峰"向"宽峰"转变，密度分布曲线水平跨度变宽。与农业绿色技术进步（AGTP）一样，各地区资源节约型农业绿色技术进步（AEGTP）水平的差异逐渐拉大。

由图3-3可知，中国30个省份2000—2019年环境友好型农业绿色技术进步（ACGTP）的动态演进具有以下特征：①整体来看，核密度图集中度过高，但从位置分布来看，全国总体分布曲线的中心基本向右移动。这也说明研究期内环境友好型农业绿色技术进步（ACGTP）也呈增加趋势。从指数分布图可知，2000—2008年的环境友好型农业绿色技术进步增长较快，2008年后增长较慢。②从分布形态来看，主峰的宽度呈"极端尖峰—宽峰"的转变特征，密度分布曲线水平跨度变宽。这意味着，各地区环境友好型农业绿色技术进步（ACGTP）水平差异逐渐拉大。

综合图3-1、图3-2、图3-3，可以看出农业绿色技术进步（AGTP）和资源节约型农业绿色技术进步（AEGTP）、环境友好型农业绿色技术进步

（ACGTP）的位置分布、峰型和峰度略有差异，相似度高。此外，从农业绿色技术进步（AGTP）和资源节约型农业绿色技术进步（AEGTP）、环境友好型农业绿色技术进步（ACGTP）的时间动态演变趋势来看，各地存在发展不均衡现象，区域差距较大。

（二）农业绿色技术进步的空间演进特征

为分析农业绿色技术进步的空间相关性，本书测度了全局 Moran's I 指数检验中国农业绿色技术进步（AGTP）和资源节约型农业绿色技术进步（AEGTP）、环境友好型农业绿色技术进步（ACGTP）在空间上的相关性及其演进特征，结果如表 3-2 所示。全局 Moran's I 统计值在 10%、5% 或 1% 的置信区间下部分显著，且显著部分均大于 0，说明中国各省份农业绿色技术进步、资源节约型农业绿色技术进步（AEGTP）和环境友好型农业绿色技术进步（ACGTP）存在空间正相关性，具有空间聚集性特征。然而，由于全局 Moran's I 容易出现正负相关区域的相互抵消问题，导致存在空间不相关性的结果，因此需要对局部空间自相关进一步验证。

表 3-2　2000—2019 年中国农业绿色技术进步的全局 Moran's I 统计值

年份	AGTP		AEGTP		ACGTP	
	Moran's I	Z 值	Moran's I	Z 值	Moran's I	Z 值
2000	0.063	0.941	0.186***	2.599	0.125***	2.284
2001	0.174*	2.298	0.246***	2.904	0.217***	3.173
2002	−0.047	−0.115	0.235***	2.956	0.332***	3.862
2003	0.116	1.394	0.227***	2.986	0.288***	3.263
2004	−0.069	−0.311	0.243***	3.069	0.447***	4.771
2005	0.169*	1.866	0.250***	3.110	0.393***	4.533
2006	−0.035	−0.002	0.262***	3.219	0.384***	4.523
2007	0.114	1.521	0.257***	3.045	0.417***	4.757
2008	0.029	0.656	0.287***	3.192	0.22***	2.995
2009	0.012	0.464	0.294***	3.209	0.262***	3.107
2010	−0.049	−0.146	0.299***	3.254	0.284***	3.29
2011	0.211**	2.337	0.299***	3.253	0.365***	4.376
2012	−0.039	−0.047	0.295***	3.232	0.314***	3.533
2013	−0.11	−0.723	0.279***	3.049	0.28***	3.105
2014	−0.175	−1.414	0.269***	3.021	0.346***	3.888

（续）

年份	AGTP		AEGTP		ACGTP	
	Moran's I	Z 值	Moran's I	Z 值	Moran's I	Z 值
2015	−0.076	−0.392	0.267***	3.106	0.433***	4.670
2016	0.039	0.679	0.256***	3.177	0.234***	2.548
2017	0.245***	2.068	0.217***	3.023	0.107	1.595
2018	−0.008	0.268	0.190***	3.034	0.285***	2.964
2019	0.081	1.052	0.164***	2.980	−0.01	0.549

注：***、**和*分别表示在1%、5%和10%的水平上显著。

　　本文采用 Open Geoda 测度了局部 Moran's I 指数检验中国农业绿色技术进步（AGTP）和资源节约型农业绿色技术进步（AEGTP）、环境友好型农业绿色技术进步（ACGTP）在空间上的相关性及其演进特征，并采用 ArcGIS 绘制了 2000 年和 2019 年中国农业绿色技术进步集聚状态，将集聚程度分为高-高（H-H）、高-低（H-L）、低-高（L-H）和低-低（L-L）4 个类型，结果如表 3-3 所示。从 2000 年和 2019 年的中国农业绿色技术进步指数的局部自相关 LISA 集聚状态可以看出，中国 30 个省份的农业绿色技术进步（AGTP）和资源节约型农业绿色技术进步（AEGTP）、环境友好型农业绿色技术进步（ACGTP）在空间上表现出明显的非均衡性。

　　农业绿色技术进步（AGTP）的聚集特征极为明显，大部分省份与位置相邻或经济发展水平接近的省份具有相似的集聚特征，存在马太效应。从 2000 年可以看出，东北、华东、华中和云南等地区表现为高-高聚集，说明这些地区农业绿色技术进步处于高水平且与周边地区绿色技术的发展联系紧密，辐射带动能力强。西北地区主要表现为低-低聚集，该区域内农业绿色技术进步水平整体较低。可能的原因是，西北地区粗放式的农业生产方式导致区域农业绿色技术进步集聚。华北、浙江、贵州等地主要表现为低-高聚集，即该区域出现农业绿色技术进步高低错落发展状态，与周边地区农业技术发展联系紧密度较低。从 2019 年可以看出，高-高聚集转移到华北、华东和云贵地区附近，说明了经济对农业绿色技术进步（AGTP）具有重要影响，研究社会经济等影响因素所带来的农业绿色技术进步（AGTP）水平改变有一定的必要性。低-高聚集主要在西北和西南地区，该区域内农业绿色技术进步水平整体较低，而周边地区农业绿色技术进步水平较高，要加强本区域和周边地区的交流。东北地区和东部沿海地区由 2000 年的高-高聚集转变为 2019 年的高-低聚集，东北地区和东部沿海地区自身属于高水平绿色技术进步聚集区，但是周边地区水平过低，形成了这样的分布。此外，华中地区基本变为低-低聚集区，这说明该阶段农业绿色技术进步水平相较于 2000 年有所下降，农业绿色技术进步水平的低-低聚集特征明显。可能是因为，农业生产方式的选择、农业先进技术的推广与应用、农业生产技术效率的改进以及农业资源利用方式均与农村居民收入水平密切相关（潘丹等，2013）。当农村居民的经济收入水平低，为追求高产出和高收入，对农业生产中土地和水等自然资源的消耗和农药、化肥等生产投入要素的需求将会增加，这容易忽视对环境的保护和对资源的不合理利用，进而抑制着农业绿色技术进步率上升。因此，在农业经济发展方式较为粗放的低收入区，要加强农业经济效益和资源环境效益的协调发展。

资源节约型农业绿色技术进步（AEGTP）的聚集特征也较为明显，2000 年与 2019 年的聚集特征差异较小。从 2000 年可以看出，高-高聚集地区呈链条式分布，主要集中在东部沿海。主要原因是，该地的技术优势可以为农业绿色技术进步提供良好的技术支撑。低-低聚集主要集中在南方地区。可能的原因是，南方地区处于湿润、半湿润地区，特别是秦岭淮河以南地区的自然植被多为森林，农田以水田为主，渭河平原等半湿润地区有黄河灌溉区等。南方地区面临的农业水资源生态环境压力和资源短缺的压力较小，资源节约型农业绿色技术进步（AEGTP）总体水平就比较低。2019 年，资源节约型农业绿色技术进步（AEGTP）的高-高聚集区也基本在东部沿海地区，呈链条式分布。低-低聚集区与 2000 年的分布几乎一致，且河南、安徽、江西等靠近沿海高-高聚集区域的省份也是低-低聚集地区。这也说明了东部沿海地区的农业绿色技术进步对低-低聚集区，特别是对没有形成完全竞争的农业经济体系以及缺乏足够的科技支撑的省份的带动作用较小。东北地区 2000 年为高-低聚集区，2019 年依然属于资源节约型农业绿色技术进步（AEGTP）高-低聚集区，但受到周边影响。西北地区则由 2000 年的低-低聚集区基本转变为 2019 年的高-低聚集区，受周边影响较大。

环境友好型农业绿色技术进步（ACGTP）的聚集特征也较为明显。2000 年的聚集特征相较于 2019 年差距较大。从 2000 年可以看出，高-高聚集地区主要集中在江苏、北京和天津等华东地区。高-低聚集区主要集中在陕西。低-低聚集区主要集中在西北和南方地区。低-高聚集地区则集中在华北和东北地区，这些地区具备优越资源环境，然而，因追求高农业产出，环境友好型农业绿色发展较慢。从 2019 年可以看出，高-高聚集地区扩大到华中、福建、重庆地区。低-低聚集区则转移到西北和西南地区。低-高聚集地区则由华北、华东和东北地区转变为华东、华北地区。

整体来看，农业绿色技术进步（AGTP）和资源节约型农业绿色技术进步（AEGTP）、环境友好型农业绿色技术进步（ACGTP）的时空发展格局有一定差异。各地要根据当地资源禀赋的条件，取长补短、因地制宜，运用科技与技术等手段发展绿色农业，缩小地区间和地区内农业绿色技术进步水平的差距。例如：定期进行农技培训和教育，从根本上帮助农民使用现代农业绿色技术。政府在制定有关农业绿色发展的政策时，可以根据不同省份的地理位置特点进行分类处理，重点加强低-低聚集区的发展，严格把控低-高聚集区和高-低聚集区，继续推进高-高聚集区的发展，提高中国资源节约型农业绿色技术进步（AEGTP）水平。

表 3-3　2000 年和 2019 年中国农业绿色技术进步及其不同类型的 LISA 集聚状态

地区	AGTP		AEGTP		ACGTP	
	2000 年	2019 年	2000 年	2019 年	2000 年	2019 年
东部地区						
北京	L-L	H-L	H-H	H-H	H-H	H-H
天津	L-H	H-H	H-H	H-H	H-H	L-L
河北	H-H	H-H	H-H	H-H	L-H	L-L
上海	H-H	H-L	H-L	H-H	H-H	L-H
江苏	H-H	H-H	H-H	H-H	H-H	L-H
浙江	L-H	H-L	H-H	H-H	L-H	L-H
福建	H-H	H-L	L-L	H-L	L-L	H-H
广东	L-H	H-L	L-L	L-L	L-L	L-L
山东	H-H	H-L	H-H	L-H	L-H	L-H
海南	H-H	L-H	L-L	L-L	L-L	L-L
辽宁	H-H	L-L	L-H	L-H	L-H	L-H

（续）

地区	AGTP		AEGTP		ACGTP	
	2000 年	2019 年	2000 年	2019 年	2000 年	2019 年
中部地区						
山西	L－H	H－H	H－H	L－H	L－H	L－H
内蒙古	L－H	L－L	L－H	L－H	L－H	L－H
安徽	H－H	H－H	L－H	L－L	L－H	L－H
江西	H－H	L－L	L－L	L－L	L－L	L－L
河南	L－L	H－L	L－L	L－L	L－L	H－H
湖北	H－H	L－L	L－L	L－L	L－L	H－H
湖南	H－H	L－L	L－L	L－L	L－L	L－L
广西	L－L	H－H	L－L	L－L	L－L	L－L
吉林	H－H	L－L	L－H	L－H	L－H	L－L
黑龙江	H－H	L－L	L－H	L－H	L－H	L－L
西部地区						
重庆	H－H	H－L	L－L	L－L	L－L	H－H
四川	L－L	L－H	L－L	L－L	L－L	L－L
贵州	L－H	L－H	L－L	L－L	L－L	L－L
云南	H－H	L－L	L－L	L－L	L－L	L－L
陕西	L－L	L－H	L－L	L－L	H－L	L－H
甘肃	L－L	L－H	H－L	L－L	L－L	L－L
青海	H－L	L－H	L－H	L－L	L－L	L－L
宁夏	H－L	L－L	L－L	H－L	L－L	L－L
新疆	L－L	L－H	H－L	H－L	L－L	L－L

注：聚集程度分为高-高（H－H）、高-低（H－L）、低-高（L－H）和低-低（L－L）4 个类型。

四、农业绿色技术进步的空间溢出效应

（一）模型检验

由于农业绿色技术进步具有显著的空间自相关性，本章使用空间计量模型进行估计。在测量和分析模型之前，我们应该判断空间计量模型的合理性。本章采用拉格朗日乘数检验（*LM* 检验）、似然比检验（*LR* 检验）和瓦尔德检验（*Wald* 检验）测试发现，*LM* 检验值和稳健的 *LM* 检验值均显著

为正，表明应采用空间杜宾模型（SDM）。同时，似然比检验（LR 检验）和瓦尔德检验（Wald 检验）的结果也表明，相邻矩阵下的空间滞后模型（SAR）和空间误差模型（SEM）也均在1％的显著性水平上拒绝了原假设，空间杜宾模型（SDM）应该是最佳选择。各检验值见表3-4。

表 3-4　LM、LR 和 Wald 检验结果

模型	指标	AGTP	AEGTP	ACGTP
SAR	LM	100.082 1***	991.175 9***	29.448 5***
	Robust LM	51.717 7***	2 046.551 4***	4.324 7**
	LR	100.388 6***	2 060.379 2***	30.654 5***
	Wald	18.896 9***	96.925 6***	154.763 7***
SEM	LM	129.254 0***	1 286.252 7***	884.135 8***
	Robust LM	114.276 2***	8 540.943 0***	4 228.071 0***
	LR	130.541 0***	8 548.639 4***	4 231.597 0***
	Wald	28.224 0***	529.549 5***	121.472 1***

注：***、** 和 * 分别表示在1％、5％和10％的水平上显著。

（二）空间溢出效应结果分析

本章根据 Hausman 检验下"随机效应与固定效应"的假设检测，并依据 Hausman 假设结果决定采用随机效应或固定效应下的空间杜宾模型，具体采用的模型见表3-5。同时，因在时间固定、空间固定和双固定下的空间固定效应的估计结果最优，故本章的固定效应模型采用的是空间固定的空间杜宾模型。最后，为更好进行分析，本章还运用 SDM 模型的偏微分法，将相邻空间权重矩阵下的总效应分解为直接效应和间接效应。直接效应表示对本地的影响，间接效应表示对周边地区的影响。结果见表3-5，其中：

（1）城镇化水平（City）对本地农业绿色技术进步及其不同类型的影响具有抑制作用，但对周边地区农业绿色技术进步及其不同类型的影响具有提升作用，对农业绿色技术进步及其不同类型总效应也为正，即城镇化水平的上升会促进农业绿色技术进步（AGTP）。只是需要注意其对本地抑制作用的特殊性。可能的解释是，对本地而言，城镇化进程的加快，让本地农业人才、资金、技术等因转业而流失，或者土地城镇化降低农业技术使用频率，不利于本地绿色技术的进步。对外地而言，城镇化进程的加快，市场化程度的提高，迫使农业生产向现代农业转型，带动区域农业基础设施的完善，促进人才、资金、技术等要素资本向农业集聚，有助于绿色技术的进步。与此同时，城镇化水平的提高也会加快绿色技术向周边传播和应用的速度，为周边农业绿色技术的进步提供了低成本的环境，进而促进农业绿色技术创新水平的整体提升。分类型看，城镇化水平（City）仅对环境友好型农业绿色技术进步（ACGTP）的提升作用显著。这说明不同类型农业绿色技术进步具有特殊性，进行不同类型农业绿色技术进步的空间溢出效应验证是必要的，需要进一步去探讨不同类型农业绿色技术进步对碳排放的影响机理与效应。

（2）农民可支配收入（PIC）对农业绿色技术进步（AGTP）的直接效应、间接效应和总效应均不显著，但系数均为正且方向与预期基本一致。主要是农民可支配收入（PIC）一般被认为是农业经济发展水平的重要体现。在经济学上，通常认为一个区域的经济增长能有效地促进创新活动，为创新提供物质基础，创造良好的创新环境，加强信息交流，有利于技术、知识、人才的积累，同时有助于增强创新意识以及强化创新动力（王建华，2019）。因此，我们要关注具有市场应用价值的绿色生产技术研发和推广，使其成为农业提升盈利能力的核心驱动力（黄磊等，2019）。然而，农民可支配收入（PIC）对不同类型农业绿色技术进步的作用不一致，其对本地资源节约型农业绿色技术进步（AEGTP）具有显著的抑制作用，但是对周边地区资源节约型农业绿色技术进步（AEGTP）具有显著的提升作用。可能的原因是，收入越高的农户或农业企业往往更容易实现农业机械化、现代化、集约化。然而，资源节约型农业绿色技术进步的推广、采用等需要一定的沉没成本，这对本地农业生产主体是负担，遵循成本效应；但是对周边地区具有辐射带动作用，存在"赶超"效应。

（3）农业技术人员（TEAN）对农业绿色技术进步及其不同类型的影响为正，但基本不显著。出现这种现象的主要原因可能是，受教育程度较高的农业技术人员改善了农业生产方式，提高了产出效率。然而，现阶段各地区农业技术人员的人力资本水平与经济发展要求不能完全相匹配（赵领娣等，2014），比如，经济增长方式还没有完成向集约型的转变，仍然表现出较明显的粗放型特征。此外，分类型看，农业技术人员仅对周边资源节约型农业绿色技术进步（AEGTP）作用显著。可能的原因是，资源节约型农业绿色技术进步（AEGTP）拥有高技术含量的性质，不同的资源节约型农业绿色技术进步（AEGTP）模式、常见的维修养护技术、先进的机器使用都需要专业的技术人员指导，所以作用显著。

（4）财政支农政策（FIN）是经济能力的体现，能够为绿色技术进步的发展提供相关配套设施、人力资源和产业基础、科技基础，进而影响绿色技术。此外，经济较好的地区工作机会较多，基础设施较健全，监督体系较完善，形成了资本与劳动力的集聚效应，增强了本地区的创新水平（王赫等，2020）。然而，在表3-5中，财政支农政策（FIN）对本地农业绿色技术进步的影响为抑制作用。可能的原因是，对于绿色环境而言，财政支农政策会改变农业投入品和农产品的相对价格，影响农户生产行为，从而对资源环境产生不同影响。例如，农业价格补贴就是对农产品购销环节及农用生产资料进行补贴，如化肥、农膜、农药补贴等。这种补贴在一定程度上促进了农业生产和供给，却容易污染土壤、水等自然资源，甚至危及农产品安全，不利于本地农业绿色技术进步。此外，农业补贴不以财政直接拨入等方式补贴，而是通过购销环节的流通渠道间接进行，中间企业是主要受益群体，农民没有直接受益，这也明显有悖于财政支农绿色化、目标精准化和"绿箱"政策基本要求，无法促进农业绿色发展。财政支农政策（FIN）无法显著支持资源节约型农业绿色技术进步（AEGTP）和环境友好型农业绿色技术进步（ACGTP）。可能原因是，一方面，农业具有基础性和弱质性，财政支农资金是农业保护和支持手段，但是在节水灌溉技术和环境友好型农业绿色技术进步（ACGTP）发展上财政支农资金严重不足。另一方面，农业价格政策改善了农业贸易条件，降低了农户销售的风险，提高了农户生产的积极性，良种补贴和农机购置补贴有利于农业机械化进程推进及先进农机的使用和推广，但也不是有利于绿色生态的财政支持。

（5）经济型环境规制（EPR）对本地区的资源节约型农业绿色技术进步（AEGTP）和环境友好型农业绿色技术进步（ACGTP）具有负向影响。这与"引致创新假说"结果基本不一致，但遵循成本效应。可能的原因是，本研究选取污染治理费表征经济型环境规制政策，而污染治理费仅对已经产生的污染进行治理，并没有对绿色技术的进步与创新产生支持作用。反而，因为污染治理费用的投入加大，导致农户或农业企业产生"财政依赖"，即：反正产生污染有资金来治理，绿色技术是否进步都没关系，于是造成更多的污染。经济型环境政策对农业绿色技术进步（AGTP）具有显著抑制作用。这与成本压力增加、技术路径依赖和资金资源分散相关。

（6）行政型环境规制（CER）对本地区农业绿色技术进步的效应不显著。可能的原因是，一方面，农业绿色技术进步不仅度量了农业生产过程中的技术发展，还要考虑农业污染排放的问题，只有合理的行政型环境规制政策和能实现利润最大化的动机才能使得技术进步偏向绿色发展。另一方面，目前国内行政型环境政策的弱势性无法有效地促进农业绿色技术的进步。农业发展以基础农产品生产和供给为主导，生产方式较为传统，各种命令性政策在农业向绿色发展的过程中影响有限。特别是，部分地区害怕行政型环境规制过度，使得整体农业经济运行受到冲击，为了规避环境政策对经济的不利影响，甚至会出现执法不严的现象。行政型环境规制（CER）对邻近地区资源节约型农业绿色技术进步的间接效应显著为负。可能的原因是，本地行政型环境规制程度越高，周边邻近地区越可能出现效仿行为。针对行政型环境规制（CER）对本地资源节约型农业绿色技术进步（AEGTP）和环境友好型农业绿色技术进步（ACGTP）的影响均与对本地农业绿色技术进步整体的影响不一致，但均不显著。这可能是因为目前关于资源节约型农业绿色技术进步（AEGTP）和环境友好型农业绿色技术进步（ACGTP）的政策较少。这也说明目前的推广扩散机制、技术的区域适宜性布局与规划、技术推广的配套政策等方面的不足限制了推广与应用。因此，以环境政策督导为契机实现农业技术进步偏向绿色生产，以达到经济与环境协调发展是未来研究的重要一环。

从类型角度看，各影响因素对农业绿色技术进步（AGTP）的影响系数更高，但对不同类型农业绿色技术进步的影响显著性更强。其中，城镇化水平（City）、农民可支配收入（PIC）、农业技术人员（TEAN）和行政型环境规制（CER）对资源节约型农业绿色技术进步（AEGTP）或环境友好型农业绿色技术进步（ACGTP）分别显著，但是对绿色技术进步整体并不显著。这说明进行不同类型农业绿色技术进步的空间溢出效应验证是正确的，也说明不同类型农业绿色技术进步具有特殊性，不同类型农业绿色技术进步对碳排放的影响机理与效应是否具有差异值得探讨。最后，各影响因素对资源节约型农业绿色技术进步（AEGTP）比环境友好型农业绿色技术进步（ACGTP）的空间溢出效应更显著。

表 3 - 5　全样本 SDM 模型及其直接效应与间接效应

变量	AGTP			AEGTP			ACGTP		
	直接效应	间接效应	总效应	直接效应	间接效应	总效应	直接效应	间接效应	总效应
City	−0.055	0.058	0.003	−0.045	0.243	0.198	−0.135	0.419*	0.284**
	(0.047)	(0.145)	(0.143)	(0.235)	(0.215)	(0.123)	(0.145)	(0.216)	(0.126)
PIC	0.008	0.007	0.015	−0.200*	0.277*	0.077	0.156	−0.086	0.070
	(0.016)	(0.035)	(0.037)	(0.113)	(0.143)	(0.050)	(0.099)	(0.086)	(0.060)
TEAN	−0.001	0.038	0.037	−0.042	0.216**	0.174	0.043	−0.038	0.005
	(0.007)	(0.028)	(0.033)	(0.049)	(0.090)	(0.109)	(0.031)	(0.083)	(0.102)
FIN	−0.063	1.355***	1.292***	0.191	−0.629	−0.439	0.177	−0.581	−0.404
	(0.202)	(0.323)	(0.272)	(0.299)	(0.554)	(0.336)	(0.606)	(1.239)	(0.693)
CER	−0.001	0.001	−0.001	0.001	−0.002*	−0.002*	0.000	−0.001*	−0.001
	(0.001)	(0.001)	(0.001)	(0.001)	(0.001)	(0.001)	(0.001)	(0.001)	(0.001)
EPR	0.001	−0.048***	−0.047***	−0.028	0.075	0.047	−0.045	0.038 2	−0.007
	(0.005)	(0.015)	(0.015)	(0.035)	(0.048)	(0.030)	(0.028)	(0.039)	(0.020)
rho		0.601***			0.293***			0.096*	
		(0.037)			(0.056)			(0.049)	
lgt _ theta		15.550***						−0.088	
		(0.243)						(0.670)	
sigma²		0.009***			0.005			0.030	
		(0.002)			(0.004)			(0.025)	
常数项		0.212						−0.520	
		(0.197)						(1.264)	
观察项	600	600	600	600	600	600	600	600	600
R²	0.145	0.145	0.145	0.007	0.007	0.007	0.091	0.091	0.091
Number	30	30	30	30	30	30	30	30	30
模型		FE			RE			FE	

注：括号内为误差项；***、** 和 * 分别表示在 1%、5% 和 10% 的水平上显著。

五、本章小结

随着绿色发展理念的深入，对农业绿色技术进步进行测度已受到普遍关注，而分析其时空动态演进特征和影响因素是有效制定绿色发展政策和实施环境保护措施的关键。本章以狭义农业——种植业为研究对象，利用EBM－GML测度农业绿色技术进步指数，据此分析了中国 30 个省份2000—2019 年农业绿色技术进步及其不同类型的时空动态演进特征，并从直接效应、间接效应和总效应三个方面探讨其空间溢出效应。主要结论和启示如下：

（1）从时空视角看，时间维度上的中国农业绿色技术进步及其不同类型整体呈上升状态，集中程度下降，地区差异先缩小后拉大。空间维度上，全局层面的农业绿色技术进步及其不同类型的空间自相关检验结果呈显著的正相关，各地区之间发展不均衡现象明显。农业绿色技术进步及其不同类型的高-高聚集区主要集中在华北、华东，低-低聚集区主要集中在西北和西南地区。

（2）从类型角度看，农业绿色技术进步及其不同类型的时空发展格局有一定差异。农业绿色技术进步（AGTP）聚集显著性水平高，聚集区域较为集中。农业绿色技术进步的高-高聚集区主要在华北、华东和华南等地，低-低聚集区主要在西北和西南等地。资源节约型农业绿色技术进步的高-高聚集地区主要集中在东部沿海，低-低聚集区主要集中在南方地区。环境友好型农业绿色技术进步的高-高聚集地区主要集中在华东地区，低-低聚集区则在西北和西南地区。

（3）从农业绿色技术进步的空间溢出效应来看，各影响因素对农业绿色技术进步（AGTP）的影响系数值较高，但对其不同类型农业绿色技术进步的影响显著性较强。这说明进行不同类型农业绿色技术进步的空间溢出效应验证是正确的，也说明不同类型农业绿色技术进步具有特殊性，不同类型农业绿色技术进步对碳排放的影响机理与效应是否具有差异值得探讨。同时，各影响因素对资源节约型农业绿色技术进步（AEGTP）比环境友好型农业绿色技术进步（ACGTP）的空间溢出效应更显著。

第四章　农业碳排放的测度及时空演进

一、问题的提出

相关的科学研究发现，碳排放逐年增加使得地球表面气温上升，也导致了冰川融化、海平面上升、热带疾病等问题。这些问题不得不让人思考，生活在地球上几百万年的人类正面临着前所未有的生存环境压力。枯竭的资源环境、退化的生物群落、下降的地下水位、日益减少的河道和湖泊等，无法使得地球生态环境得到有效平衡，高碳化下的环境日益恶化，CO_2 等温室气体导致的气候变化严重影响着生态环境和人类社会的可持续发展。如何实现碳减排已成为国际社会和学界关注的主题（邓悦，2017；Deng 等，2021）。习近平主席在 2020 年 9 月第七十五届联合国大会一般性辩论上郑重宣布，中国"二氧化碳力争于 2030 年前达到峰值，努力争取 2060 年前实现碳中和"，并在 2020 年 12 月举办的气候雄心峰会上宣布到 2030 年中国单位国内生产总值二氧化碳排放将比 2005 年下降 65％以上。习近平总书记参加 2022 年十三届全国人大五次会议内蒙古代表团的审议时说，"双碳"目标是从全国来看的，要按照全国布局来统筹考虑。

农业 CO_2 排放占中国 CO_2 排放总量的 17％左右（黄杰等，2021），农业肩负着重要的减排责任。特别是，中国作为一个农业生产大国，农业碳排放量和碳排放占比也在不断增加（Ertugrul，2016），农业碳排放局势十分严重（田云和张俊飚，2014）。中国农业生产碳排放量是多少？如何科学合理地测度农业碳排放？农业碳排放是否具有区域差异和明显的阶段性特征？各地区农业碳排放水平是否会随着时间的推移而出现收敛性？受哪些因素的影响？对以上问题的回答是制定差异化农业碳减排政策的重要前提。特别是，中国地域广阔、气候与土壤类型多样、区域经济发展水平、农业生产技术等方面存在较大差距从而导致农业碳排放呈现出明显的空间非均衡特征。现有关农业碳排放的研究大多局限于某一省（区），以大范围区域为研究对象难以衡量农业碳排放影响因素的空间特征与不均衡性，且缺乏从全国层面对农业低碳发展水平的深度探讨。此外，影响因素的研究以全局模型为主，忽视了空间位置重要性和非平稳性。科学测度和识别分析中国农业碳排放的时空分布特征及其收敛性，对于客观认识中国农业碳排放水平、提高农业生产效率和保护农业生态环境具有重要意义。

二、模型构建、变量选择与数据说明

（一）模型构建

1. 农业碳排放的测度

本章主要以狭义农业——种植业为研究对象，参考陈儒等（2017）、邓悦等（2021）关于农业碳排放测算的研究，选择用 IPCC 提出的排放因子法进行碳排放估算，即用种植业不同碳源的使用量与其对应的排放因子相乘得到不同碳源的碳排放量，然后将不同碳源的碳排放量累加，得到种植业总的碳排放量。种植业碳排放碳源主要包括化肥、农药、农膜、柴油、灌溉和翻耕这六类能源类碳源。其测算公式如式（4-1）所示：

$$Cf_o = \sum T_o \times d \qquad (4-1)$$

式中，Cf_o 为农作物 o 的碳排放量；T_o 为碳源的使用量；d 为碳排放系数。其中，碳排放系数值具体参考田云等（2013）、陈儒等（2017）和邓悦等（2021）的研究成果，各碳源碳排放系数如表 4-1 所示。

表 4-1　种植业碳排放主要碳源碳排放系数

碳源	碳排放系数	参考来源
化肥	0.895 6 千克/千克	美国橡树岭国家实验室
农药	4.934 1 千克/千克	美国橡树岭国家实验室
农膜	5.18 千克/千克	南京农业大学农业资源与生态环境研究所
柴油	0.592 7 千克/千克	IPCC

（续）

碳源	碳排放系数	参考来源
翻耕	312.6 千克/千米²	陈卓等
灌溉	266.48 千克/公顷	段华平等

资料来源：借鉴田云等（2013）、陈儒等（2017）和邓悦等（2021）等学者研究成果。

2. 农业碳排放强度的测度

该强度采用种植业碳排放总量与经平减处理的种植业实际总产值（TO）的比值表示，即

$$CI = Cf_o/TO \qquad (4-2)$$

3. 绝对收敛分析方法

（1）σ 收敛检验。目前用于检验 σ 收敛的方法主要是分布估计法中的标准差和变异系数（刘兴凯等，2010；杨正林等，2008；崔瑜等，2021），模型如下：

$$V = S/CI_i \qquad (4-3)$$

$$S = \sqrt{\frac{\left[\sum_{i=1}^{n}(CI_i - C)\right]^2}{n}} \qquad (4-4)$$

式中，V 表示变异系数；n 表示地区个数；S 表示标准差；CI_i 代表 i 省份的农业碳排放强度；C 代表所有省份农业碳排放强度的平均值。

（2）绝对 β 收敛检验。借鉴彭国华（2005）和崔瑜等（2021）的绝对 β 收敛检验方法，本章将农业碳排放强度的绝对 β 收敛模型设定为

$$(\ln CI_{i,t+T} - \ln CI_{i,t})/T = \alpha + \beta \ln CI_{i,t} + \varepsilon_{i,t} \qquad (4-5)$$

式中，T 为研究时间跨度；$\ln CI_{i,t}$ 表示 i 省份初始年份农业碳排放强度；$(\ln CI_{i,t+T} - \ln CI_{i,t})/T$ 表示 i 省份在 T 时期内农业碳排放强度的年均增长率；α 表示截距；β 表示回归系数，如果 $\beta<0$ 且在统计意义上显著，表示农业碳排放强度存在绝对 β 收敛，反之则不存在。

4. 条件收敛分析方法

本章借鉴王宝义等（2018）、崔瑜等（2021）的方法，在农业碳排放强度（CI）绝对 β 收敛模型中引入城镇化水平（City）、农民可支配收入（PIC）、农业技术人员（TEAN）、农业价格政策（PP）、财政支农政策

（FIN）、经济型环境规制（EPR）、行政型环境规制（CER）、劳动力水平（labor）、农业要素投入结构（ES）、农业要素投入效率（EE）、农业产业结构（PS）等控制变量，得到条件 β 收敛模型如式（4-6）所示，并采用面板数据固定效应方法检验效率是否存在条件 β 收敛。

$$Y_{i,t} = a_0 + \beta \ln CI_{i,t-1} + a_1 X_{i,t} + \varepsilon_{i,t} \qquad (4-6)$$

式中，$Y_{i,t}$ 为 i 省份第 $t-1$ 时期到 t 时期农业碳排放强度的增长率；$CI_{i,t-1}$ 表示 i 省份第 $t-1$ 时期的农村绿色化发展效率；$X_{i,t}$ 为 i 省份在第 t 时期的控制变量；α_0 表示截距；β、α_1 表示回归系数；$\varepsilon_{i,t}$ 为随机误差项。

（二）变量选择与数据说明

为探索农业碳排放收敛性影响因素，本章选取的具体相应指标如下：①城镇化水平（City）。本章以城镇人口与总人口比值表征城镇化水平，比值越高，城镇化水平越高（戴小文等，2015）。②农民可支配收入（PIC）。本章将环比农村居民消费价格指数调整为以 2000 年为基期的定基指数，并对可支配收入进行平减处理（潘丹，2012）。③农业技术人员（TEAN）是农业科技质量的重要体现，本章选用公有经济企事业单位农业技术人员作为农业科技质量的重要指标（张传慧，2020）。④农业价格政策（PP），采用的是农产品生产价格指数与农业生产资料价格指数之比。因 2003 年之前农产品生产价格指数缺失，本章参考张传慧（2020）的研究采用农产品收购价格指数替代。⑤财政支农政策（FIN）。该指标数据由各省份用于农业的各项财政支出与财政总支出的比值来表示（周鹏飞等，2019）。⑥经济型环境规制（EPR）。本章借鉴展进涛等（2019）的研究，采用经平减处理的单位农业总产值财政环境保护支出来衡量。⑦行政型环境规制（CER）。本章以各省级当年施行的环境规制政策数量衡量命令型环境规制（展进涛等，2019）。⑧农业要素投入结构（ES）。本章选取当年农业能源消费总量与总能源消费比例来衡量（Xu 等，2021），比值越大，表示农业非清洁要素投入在农业中的比重越高，反之，则说明农业非清洁要素投入比重越低。⑨农业要素投入效率（EE）。本章选取农林牧渔能源消费总量与经平减处理的实际总产值来衡量（李建华等，2011），比值越大，农业要素投入效率越低，反之，农业要素投入效率越高。⑩农业产业结构（PS）。本章选取粮食播种面积与作物总播种面积之比来衡量。具体描述性统计如表 4-2 所示。此外，为更好地减少模型的误差项和消除数据的非平稳性，本章对数值型数据均进行对数处理，其余比值型数据均使用原始值。

表 4-2　描述性统计分析

变量	平均值	标准差	最小值	最大值
CO	222.590	165.460	7.770	777.280
CI	264.529	103.442	55.109	626.468
$City$	0.397	0.125	0.141	0.668
$TEAN$	25 041.390	12 569.280	5 680.000	49 667.000
FIN	0.103	0.044	0.013	0.184
CER	31.233	50.862	0.000	235.000
PIC	3 641.290	1 984.272	1 374.160	9 299.849
EPR	6.354	3.598	0.904	17.804
PS	0.636	0.106	0.357	0.839
ES	0.029	0.021	0.004	0.087
EE	3.668	2.041	0.979	8.536
PP	1.022	0.065	0.879	1.315
$PGDP$	1.241	1.000	0.171	4.824

三、农业碳排放的测算与时空动态演进

（一）农业碳排放总量的时空动态演进

1. 中国农业碳排放量的时序演变趋势

图 4-1 描述了 2000—2019 年中国农业碳排放量的变动情况。整体来看，2000—2015 年中国农业碳排放总量呈现明显的波动上升趋势，即由 2000 年的 5 226.45×10⁷ 千克波动增至 2015 年的 7 626.98×10⁷ 千克，年均增长约为 2.55%。2015—2019 年则从 7 626.98×10⁷ 千克下降到 6 731.20× 10⁷ 千克，年均下降率约为 3.08%。具体来看，中国农业碳排放总量整体呈现"波动上升—缓慢下降"的阶段性特征，分为波动上升期（2000—2015 年）和缓慢下降期（2016—2019 年）。其中，2015 年为样本研究期内农业碳排放量的最高点，这与程琳琳（2018）等学者的研究结果基本一致。此外，

就当前农业碳排放量变化趋势看，其在未来几年内可能仍将处于持续下降的状态。

从中、东、西部三大经济分区角度看，东、中、西部的农业碳排放总量发展趋势各有不同。具体表现为：东部地区的农业碳排放总量居中，且其碳排放总量水平低于全国平均水平，并且在 2007 年达到了农业碳排放总量的最高点，2010 年后持续下降。碳减排水平处于领先水平。主要原因是东部地区自然资源环境优越、经济发展快速，也具备最强的科技、资本、基础设施等，为解决农业高投入、高消耗的问题提供了有力支撑。中部地区的农业碳排放总量最高，2006 年以后每年都超过了其他地区。中部地区的自然环境优越，但经济发展程度较低，区域内科技发展、农业基础设施等绿色低碳农业发展条件较低。同时，中部地区的农业生产规模较大。河南、吉林、黑龙江等粮食主产区均在中部地区，其种植业生产水平远高于全国其他地区。此外，西部地区的农业碳排放总量远低于全国平均水平，西部地区碳排放最高值在 2015 年。这主要是因为西部地区自然环境较为恶劣、经济发展水平较低，高碳排放的农业生产活动也增加较多，所以西部碳排放总量的最高值出现滞后性。从粮食和非粮食主产区两大粮食分区角度看，粮食主产区和非粮食主产区的农业碳排放总量发展趋势也各有不同，13 个粮食主产区农业碳排放量占总碳排放量的 65% 左右，且粮食主产区的碳排放总量显著高于全国平均和非粮食主产区。粮食主产区农业对化肥、农药等要素投入的需求超过非粮食主产区和全国平均水平，所以农业碳排放量整体很高。粮食主产区农业生产仍然面临"增产"和"增绿"的双重压力。这也表明农业大省或粮食主产区高投入、高消耗、高排放的农业生产方式尚未发生根本性改变。此外，粮食主产区和非粮食主产区在 2015 年左右均出现了一波碳排放总量峰值。在向全国"双碳"目标迈进过程中，各地做出了巨大努力。

整体上看，东中西部三大区域和粮食两大分区的区域差异，也进一步验证了中国农业碳排放存在显著的空间集聚性和相关性。本书认为，三大区域层面排放的变化趋势与经济增长方式等密切相关，两大粮食分区则与农业生产活动有关。比如，东部地区增长快是经济总量增长的结果，西部地区增长慢则与自然环境和粗放的经济增长方式有关，粮食主产区则与种植业规模有关，中部地区则与经济增长和粮食种植活动均有关系。因此，进一步分析不同经济水平和农业生产活动条件下的农业碳排放发展趋势才能更好说明农业碳排放的准确性。此外，从农业碳排放总量来看，2015 年的全国、中西部地区、两大粮食分区和 2007 年的东部地区均出现了农业的碳排放峰值，这与现有的研究成果基本一致（章胜勇等，2020；吴昊玥等，2021）。然而，2015 年以后碳排放总量下降并不能代表在 2030 年前农业行业内的碳排放总量不会再上升，也不能说明农业已经实现了碳达峰。因此，进行农业碳排放的预测十分必要。

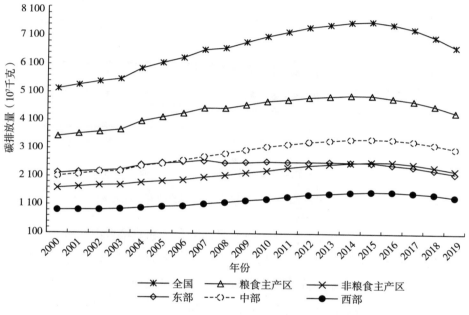

图 4-1 2000—2019 年中国农业碳排放总量的变动趋势

2. 农业碳排放总量的区域差异特征

泰尔指数常用于衡量区域差异状况。图 4-2 展现了 2000—2019 年中国东、中、西三大地区农业碳排放总量的泰尔指数变动趋势。2000—2019 年中国农业碳排放总量的区域差异整体呈上升趋势，全国的泰尔指数从 0.50升至 0.52，波动幅度较小。通过泰尔指数分解发现：①地带内和地带间差异的演变与总体差异演变高度一致，其差异均呈平稳状态。然而，地带间差异远大于地带内差异，地带间差异对总体差异的平均贡献率高达 63.31%，地带内差异对总体差异的贡献率仅为 36.69%，地带间差异是形成区域差距的主要原因。②地带间差异主要由东中部与西部相差造成的。西部地带和中东部地带之间差距较大，中东部之间几乎没有差距。③值得注意的是，西部地区的内部差异最小但差异在上升，东部地区的内部差异居中但差异在下降，中部地区最大但差异也在上升。因此，中、东、西部区域间整体呈异质化的状态。

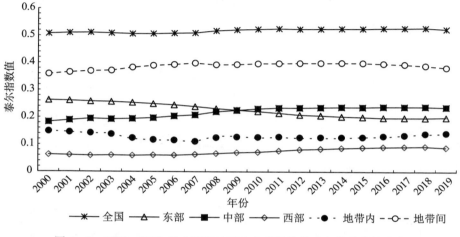

图4-2 2000—2019东中西部地区农业碳排放的泰尔指数趋势分布

图4-3展示了2000—2019年中国粮食主产区和非粮食主产区两大地区农业碳排放总量的泰尔指数变动趋势。通过泰尔指数发现：①地带内和地带间差异的演变与总体差异演变高度一致，均呈平稳发展态势。②粮食主产区差异略有缩小态势，而非粮食主产区的差异略有增长态势。这说明粮食主产区的碳排放总量差异在区域内缩小，而非粮食主产区的区域差距在扩大。③地带间差异也远大于地带内差异，地带间差异对总体差异的平均贡献率高达83.60%，显著高于中、东、西部三大地区的区域差距。地带间差异主要是由粮食主产区造成的。

（二）农业碳排放强度的时空动态演进

1. 农业碳排放强度动态变化的总体分析

为分析农业碳排放强度的动态变化趋势，又因篇幅限制，本章仅给出2000、2006、2012及2019年的农业碳排放强度指数（表4-3）。①从时间维度来看，2019年的农业碳排放强度较2000年均显著下降。其中，大多省

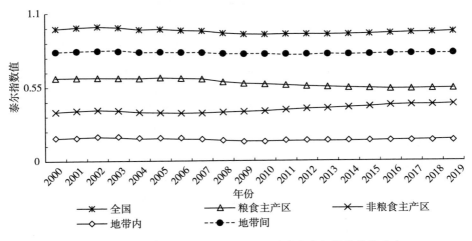

图 4-3　2000—2019 粮食分区农业碳排放的泰尔指数趋势分布

份 2006—2012 年的农业碳排放强度下降幅度最大，2012—2019 年农业碳排放强度下降幅度并不大。②从空间维度来看，仅吉林的 2019 年农业碳排放强度较 2000 年有所上升。2000—2019 年，宁夏、湖北、陕西、青海和广西等省份的农业碳排放强度下降较快，为农业碳减排起到了示范和带动的作用；内蒙古、吉林、新疆、海南和北京等省份的农业碳排放强度下降较慢。究其原因是，地区间存在发展不平衡问题，人才、资金等生产要素的流动成为促进区域优势和平衡人口规模与资源异质性的重要途径。特别是，中国农业市场是由被分割的局部构成，而各个地区农业的差异是由不同农户行为模式构成（文琦，2009），这导致各地区碳排放强度差距显著。我们需要加强各个地区在产业、就业方式、消费结构等方面的交流与互动，打破区域界限以及城乡隔离状态（国家发展改革委宏观经济研究院课题组，2004），加快后发地区学习先发地区先进减排生产技术的步伐，才能逐步缩小地区间碳减排的差距。③此外，农业碳排放强度的全国层面、三大经济分区和两大粮食主产区 2019 平均值分别比 2005 年降低了 49.07%、51.56%、41.77%、55.21%、44.66% 和 52.91%。这些数字表明农业领域基本扭转了碳排放快速增长的局面，也充分肯定了农业碳减排政策的积极作用。在未来，各地应因地制宜地积极探索绿色低碳的农业生产模式，引进农业碳减排技术，提高政策环境的适宜性，从而达成农业碳减排目标。

表 4 - 3　中国农业碳排放强度值

单位：千克/万元

地区	2000 年	2006 年	2012 年	2019 年
东部均值	346.50	305.03	205.06	157.09
北京	259.08	207.76	143.31	124.91
天津	320.22	335.02	245.13	138.21
河北	462.23	459.54	237.42	219.72
上海	340.44	227.17	162.96	177.67
江苏	359.03	321.19	189.45	151.31
浙江	396.52	368.22	248.04	190.01
福建	392.63	326.06	192.93	138.06
广东	298.22	237.37	185.17	125.95
山东	419.42	315.60	219.08	165.01
海南	252.91	286.28	236.89	133.67
辽宁	310.81	271.16	195.29	163.46
中部均值	403.61	356.39	252.54	214.75
山西	464.51	458.71	242.32	222.25
内蒙古	295.67	327.61	279.31	264.83
安徽	431.89	421.68	295.35	235.20
江西	355.42	331.66	259.54	148.02
河南	375.09	334.03	273.13	219.28
湖北	495.89	403.87	247.30	172.07
湖南	348.87	292.21	167.45	153.05
广西	448.52	331.50	236.35	151.16
吉林	400.72	335.54	307.85	437.90
黑龙江	419.50	327.08	216.81	143.69
西部均值	374.59	316.04	218.63	145.80
重庆	331.73	321.80	182.43	120.26
四川	306.81	272.32	147.63	94.82
贵州	255.19	262.16	170.26	55.11
云南	340.02	334.94	262.49	131.40
陕西	479.89	327.02	261.13	168.09
甘肃	309.68	278.91	220.96	162.02
青海	443.62	323.68	188.22	111.76
宁夏	619.11	474.49	316.56	256.76
新疆	285.30	249.04	217.95	212.01
全国均值	373.96	325.45	224.96	172.92

2. 农业碳排放强度时序演变趋势

从图 4 - 4 可以看出，农业碳排放强度在中国的发展变化经历了平稳下降、急速下降、波动下降、急速下降四个阶段。其中：

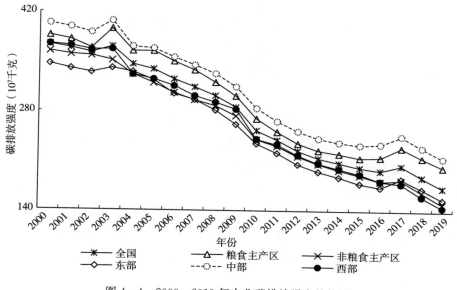

图 4 - 4　2000—2019 年农业碳排放强度趋势图

（1）2000—2003 年是平稳下降阶段。在这一阶段，中国农业碳排放强度在起伏间呈现总体下降趋势。这一时期，国家的各种农业新政策和举措接连发布实施，加之农业技术水平等不断提升，农民劳作的积极性增强，促进了农业生产方式转型，较显著地提高了农业生产力水平，这应该是农业碳排放强度下降的重要推动力。

（2）2004—2013 年是急速下降阶段。2013 年与 2004 年的农业碳排放相差很大。这一阶段经济发展与资源环境的矛盾日渐凸显，特别是高投入式生产带来的农业污染等问题导致农业绿色发展不容乐观。政府通过绿色环境政策与制度设计，对地区农业绿色发展进行宏观布局，推动绿色农业发展和农业绿色技术进步。各级政府根据地区农业发展基础与需求，出台了一系列有助于地区农业绿色发展的指导意见。同时，在资金、法规、平台等方面给予较多的绿色政策支持，增加了农业绿色发展政策的有效供给，降低了农业绿色发展的隐性和显性成本，提升了农业绿色发展的盈利空间，提升了农业节能、减排、降耗的积极性和主动性（黄磊等，2019）。与此同时，我们还支持开发新技术，投入绿色肥料，提高化肥利用率，促进农业碳排放绩效的提升，降低了农业碳排放强度。

（3）2014—2017 年为波动下降阶段。该时期农业碳排放强度略有波动，但年际变化不大，且 2017 年比 2014 年的农业碳排放强度有所下降。这一时期，农业生产成本增加，农户负担过重，农业增速明显放缓，化肥投入增加，粮食产量减少，"三农"问题进一步凸显等，均影响了农业碳排放强度下降。

（4）2017—2019 年为急速下降阶段。2019 年相比 2017 年的农业碳排放强度有所下降。这一时期，农业生产成本增加，农户负担过重，农业增长明显放缓，化肥投入增加，粮食产量减少，"三农"问题进一步凸显等，均影响了农业碳排放绩效的提高（黄杰等，2021）。农业发展到今天，面临着严峻的市场竞争压力，受经济和社会发展水平限制。我们需要关注具有市场应用价值的绿色生产技术研发和推广，提升农业盈利能力（黄磊等，2019），为农业碳减排提供物质基础，减少农业生产成本，创造良好的创新环境，加强信息交流，为技术、知识、人才的积累创造良好条件（王建华等，2019）。只有为农业碳减排创造较充分的环境规制，为农业绿色高质量发展提供重要保障（徐辉等，2020），才能更好实现农业碳减排。

（三）农业碳排放强度空间差异特征

资源禀赋、经济发展水平等方面的差异，导致各省份的农业碳排放强度水平存在一定的差异，具体如表 4-3 所示。

从表 4-3 中可以看出：①2000 年农业碳排放强度分布较不均匀，华北、西北地区是高碳排放强度主要聚集地区，华中、华东地区是较高碳排放强度的聚集地区。可能的原因是，通常认为区域农业与其经济发展程度显著相关，经济增长能有效地促进创新活动。华北、华中和华东地区追求的主要目标是农业的高产量发展与经济效益最大化，在一定程度上忽视了生态环境的保护，盲目投工投肥，出现了农业碳排放强度高于其他地区的现象。②2006 年农业碳排放强度分布较为均匀。宁夏、河北、山西等地的农业碳排放强度依然显著高于其他地区，但碳排放强度存在明显下降趋势。农业生产效率的提高是碳排放强度下降的主要原因。③2012 年，吉林、宁夏和安徽的碳排放强度明显高于其他地区。盲目追求经济收益可能是碳排放强度分布极端化的主要原因。④2019年，碳排放强度分布大多趋于较低。这一时期，市场经济发展，环境问题凸显，农业低碳转型发展战略的实施迫在眉睫，各地加快了对绿色化肥、农药和绿色生产技术等成果的推广，开启了化肥减量提效、农药减量控害的"减肥减药"行动，增强了生态环境保护意识。这显著降低了农业生产过程碳排放总量，助推了中国碳生产率的快速提升（黄杰等，2021）。然而，2019年的中部地区以及吉林的碳排放强度仍然较高。这可能是因为，中部地区多属于粮食主产区，且较之东部经济欠发达，其绿色生态环境保护的后劲存在明显不足的问题。整体来看，整个研究期内农业高排放的区域在空间上有所缩小，农业低排放的区域、中低排放的区域有所增加，且中、东、西部区域间呈异质化的状态（张丽琼等，2021）。

图4-5展现了2000—2019年东、中、西三大地区农业碳排放强度的泰尔指数变动趋势。2000—2019年中国农业碳排放强度的区域差异整体呈下降趋势，全国的泰尔指数从0.67降至0.61，波动幅度较小。通过泰尔指数分解发现：①地带间差异远大于地带内差异，地带间差异对总体差异的平均贡献率高达72.13%，地带内差异对总体差异的贡献率仅为27.87%，地带间差异也是形成区域差距的主要原因。地带内差异在增大，而地带间差异呈减小趋势。②区域间差异排序为东部＞中部＞西部，东部和西部的区域差距

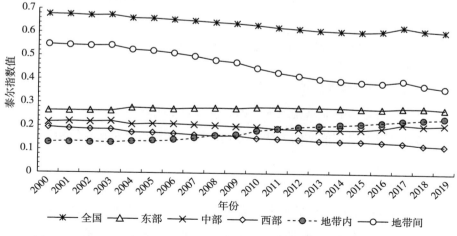

图4-5　2000—2019年东中西部地区农业碳排放强度的泰尔指数趋势分布

逐年增大，地带间差异主要由东部和西部地区差距较大造成。因此，如何减小东部和西部地区农业碳排放强度差距才是减小区域差异的关键。

图4-6展现了2000—2019年中国粮食主产区和非粮食主产区两大地区农业碳排放强度的泰尔指数变动趋势。通过泰尔指数分解发现，区域差异在时间上并没有降低的趋势。值得注意的是，粮食主产区的碳排放强度甚至在2017年后呈上升趋势。这说明2017年后的碳排放强度区域差异在扩大，需要重点解决。地带间差异主要由粮食主产区造成，其余发展趋势均与前文碳排放量的泰尔指数发展趋势一致。

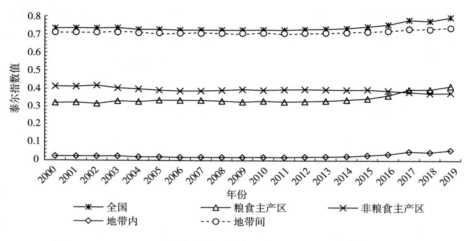

图4-6　2000—2019年粮食分区的农业碳排放强度泰尔指数趋势分布

四、农业碳排放强度的收敛性分析

（一）绝对收敛性分析

为检验各省份农业碳排放强度的趋同或发散情况，本章基于农业碳排放强度测算结果，沿用前文的方法，分别进行 σ 收敛和绝对 β 收敛检验，在引入各控制变量后进行条件 β 收敛检验。

1. σ 收敛检验

σ 收敛检验是针对存量水平的描述，可以反映农业碳排放强度的趋同或发散情况的动态过程（杨秀玉，2016）。因此，在 σ 系数、基尼系数、标准差、变异系数等收敛性检验方法中，本章选用 σ 系数来检验收敛性，如

图 4-7 所示。

从检验结果来看，2000—2019 年中国农业碳排放强度随时间推移呈现显著的先下降后上升的波动趋势，σ 趋同中变异系数没有减小，反而有增大的趋势。换言之，农业碳排放强度地区间的绝对差距在缩小后逐步扩大，这基本与杨秀玉等（2016）的研究结果一致。其中，2000—2012 年属于碳排放强度差距缩小的第一个阶段。差距缩小可能基于两方面原因，一是高碳排放强度地区向低碳排放强度地区靠拢，二是低碳排放强度地区向高碳排放强度地区靠拢。2013—2019 年属于农业碳排放强度差距扩大的阶段，此阶段差距逐渐扩大主要是区域间差距所致，且主要源于中部地区与其他地区间、粮食主产区和非粮食主产区间的差距扩大。当然也有学者认为，这种差距扩大的趋势并不一定意味着中国各地区农业碳排放强度差距是绝对扩大的（崔瑜等，2020）。为明确碳排放强度差距缩小和扩大的深层次原因，有必要进一步对农业碳排放强度进行绝对 β 收敛检验。

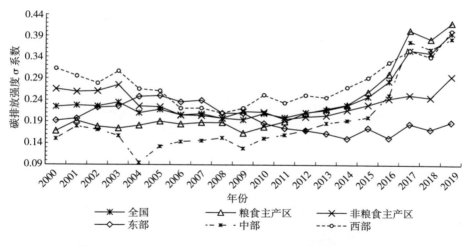

图 4-7　2000—2019 年中国农业碳排放强度 σ 系数变化情况

2. 绝对 β 收敛检验

绝对 β 收敛目的在于判断研究期内高农业碳排放地区是否向低农业碳排放地区聚拢，判断农业碳排放是否存在"追赶效应"。如果存在"追赶效应"，就意味着未来的农业碳排放将向好的趋势发展。

表 4-4 的检验结果显示，全国层面的基期农业碳排放强度的回归系数 β

值大于 0，说明不存在绝对 β 收敛，也说明了农业碳强度水平不会自动趋近到各自的稳态水平。因此，探讨和分析各类因素对碳排放强度的影响并进行政策干预是必不可少的，即有必要进行条件 β 收敛检验。同时，三大区域、两大粮食分区的基期农业碳排放强度的回归系数 β 均显著为正，表明各地区不存在"追赶效应"，即高碳排放强度地区对低碳排放强度地区不存在靠拢的趋势。可能的原因是，各地区在资源禀赋、经济发展、产业结构以及技术水平等方面存在差异。此外，"绿箱"政策效应也具有一定的滞后性。因此，尚未表现出高碳排放强度地区向低碳排放强度地区靠拢的"追赶效应"，这也进一步说明政策的执行需要具有连续性和持续性。

表 4-4　中国农业碳排放强度绝对 β 收敛检验结果

项目	全国	东部	中部	西部	粮食主产区	非粮食主产区
β	1.007***	0.991***	0.986***	1.038***	0.987***	1.021***
	(0.012)	(0.019)	(0.023)	(0.020)	(0.018)	(0.015)
常数项	−0.084	0.006	0.043	−0.262**	0.034	−0.163*
	(0.066)	(0.103)	(0.130)	(0.110)	(0.102)	(0.086)
观察数	570	209	190	171	247	323
Number	30	11	10	9	13	17
R^2	0.932	0.935	0.913	0.944	0.928	0.935
调整的 R^2	0.928	0.931	0.908	0.941	0.924	0.931
F 值	7 377	2 829	1 868	2 715	2 994	4 384
模型	FE	FE	FE	FE	FE	FE

注：括号内为误差项；***、** 和 * 分别表示在 1%、5% 和 10% 的水平上显著。

（二）条件收敛性检验

1. 条件 β 收敛检验

条件 β 收敛目的在于判断各地区农业碳排放强度是否趋近于各自的稳态水平（郭四代等，2018），并探讨各影响因素在其中的作用。本章分别对全国、三大经济分区、两大粮食分区的农业碳强度进行条件 β 收敛检验。此外，在经过 Hausman 检验后，所有模型均应采用固定效应模型。

由表 4-5 可知，研究期内农业碳排放强度不存在条件 β 收敛，即各省份不存在各自的稳态水平，亦不存在向该稳态水平收敛的趋势，说明各地区内部农业碳排放强度也存在较大的差异，既没有出现高碳排放强度地区对低碳排放强度地区的"追赶效应"，也没有出现所谓"高者愈高、低者愈低"的"马太效应"，这与前文的结果基本一致。各地的地理位置、经济环境、受教育水平和城镇化水平等等是地区差距的主要因素（李善同等，2019）。加之，新政策覆盖面的扩大和政策执行效果的显现都需要一定的时间。因此，从现有研究看，各地区要实现真正意义上的协调、平衡发展以呈现出"追赶效应"或条件收敛趋势还有较长的一段路要走。各地必须积极践行党的十八届五中全会提出的创新、协调、绿色、开放、共享的新发展理念，促进全国统筹经济发展与资源环境的协调性以缩小差距。

2. 条件 β 收敛的影响因素分析

就影响因素而言，三大经济分区、两大粮食分区和全国层面的区别不大。全国和各地区的城镇化水平（City）、农业价格政策（PP）、经济型环境规制（EPR）、行政型环境规制（CER）（东部不显著）、农业要素投入效率（EE）（东部不显著）和农业要素投入结构（ES）均显著降低农业碳排放强度。然而，农民可支配收入（PIC）在东部显著降低而在中部显著增加农业碳排放强度。此外，基期农业碳排放强度（L.CI）均在 1% 的水平上显著，系数显著为正说明基期农业碳排放强度会促进滞后一期农业碳排放强度的提升，碳排放强度增大具有一定的滞后性。

（1）全国和各地区的城镇化水平（City）对碳排放强度提升具有显著的抑制作用，且中部和粮食主产区的城镇化水平对碳排放的抑制水平显著高于全国和其他地区的。城镇化进程中，劳动力、耕地等持续性外流，农业需要用更少劳动力、耕地去满足城市更多的粮食需求，迫使农业生产向以机械化等为主要特征的现代农业转型，有利于农业专业化和集聚经济的发展（邓悦，2021）。同时，城镇化意味着大量农村人口向城市转移，得到较好的受教育机会，城市积累了人力资本，为经济增长提供了更多清洁的生产技术，从而减少污染排放（张腾飞等，2016）。这些也能更好地解释，中部和粮食主产区的城镇化水平对碳排放强度提升的抑制水平更高。

（2）农民可支配收入（PIC）对碳排放强度提升的影响系数有正有负，存在区域异质性。其中，东部和非粮食主产区的农民可支配收入显著降低碳排放强度。然而，在中部和粮食主产区则显著增加农业碳排放强度。农户都是建立在经济理性和成本收益比较分析的基础上进行生产方向、生产规模以及生产方式等选择的主体。农民可支配收入指农户经过初次分配与再分配后获得的收入，包括农业收入与非农收入，即农户可支配收入既是农业经济发展水平的反映，也是整体经济的反映（邓悦等，2021）。农民可支配收入是农民经济水平的重要体现，在一定程度上影响农民的农业生产，进而影响农业碳排放。在农业经济条件较好、技术水平较高的东部地区，城乡消费者更注重对绿色产品的品质要求和对绿色环境的精神需求，更愿意去寻求地区绿色低碳循环发展的新方式。加之，在"绿色发展"理念指导下，地方政府不断丰富市场型政策工具，用市场机制引导农户完成绿色转型。中部和粮食主产区的经济发展水平一般比较低，农民可支配收入较少，难以进行农业生产投资行为（邓悦等，2021），更难以进行新型绿色技术的改进。总体来说，经济发展水平对农业碳排放的影响存在显著的异质性，在进行政策优化过程中需要特别注意。

（3）全国和各地区的农业价格政策（PP）均能抑制碳排放强度上升，东西部和非粮食主产区的抑制作用更明显。主要原因是，当前的中国农业市场交易受到农业价格政策影响。农业价格提高，农户生产的积极性也会提高，这促进了农业机械化进程推进及先进农机的使用和推广，进而促进农业经济和环境协调发展（张传慧，2020），有利于农业碳减排。此外，农资综合补贴对农业投入品——农药、化肥、农膜的补贴会导致农户生产成本下降和投入要素使用比例发生改变，从而造成农产品市场价格扭曲，或者浪费和不合理利用特定补贴投入品。因此，农业价格政策一定要控制在合理的范围内。

（4）财政支农政策（FIN）具有抑制碳排放强度提升的作用。然而，仅全国、西部和非粮食主产区的抑制作用显著。主要原因是：一方面，支农政策带来的生产成本降低、新技术推广和生产知识普及等一系列农业保护支持手段促进了农业生产者生产积极性提高，整体上促进了碳排放总量增长。与此同时，这也会增加农业生产总值，因此，对碳排放强度的影响是不一定的。另一方面，农业财政政策是调控农业的重要经济手段。支农财政历来就是中国支持和发展农业的主要手段和政策工具，对农民具有增收和减贫效应

（高玉强等，2020），对农业整体发展水平具有提升作用（赵璐等，2011），对农业生产效率或农业技术效率具有提升效果（李晓嘉等，2012）。较高的农业经济水平、技术进步效率对农业碳排放具有显著的抑制作用，从而降低了碳排放的污染。

（5）经济型环境规制（EPR）均显著抑制全国及各地区农业碳排放强度的提升。其中，中部和粮食主产区的经济型环境规制政策的抑制性效果更强。经济型环境规制措施将会减少农业生产的绿色成本。采用新的技术来提高农业生产的清洁性以减少环境污染，符合政府环境规制要求的目的，对农业碳排放强度具有显著的抑制作用。更有甚者，使农业生产主体扩大生产研发。中部和粮食主产区作为经济发展较差但种植规模较大的地区，更需要一部分经济支持去进行技术进步效率的提升，以便减少化肥、农药等生产要素的消耗，提升农业规模效应，进而降低碳排放。

（6）行政型环境规制（CER）显著抑制农业碳排放强度的提升，但东部地区不显著。首先，在行政型环境规制水平较高的地区，各种惩罚措施的压力以及激励措施的吸引，导致农户减少农业污染排放的意愿会更强烈。部分农业生产主体不得不扩大生产的资金进行研发，研发新的技术来提高农业生产的清洁性以达到减少政府要求的环境污染要求。其次，行政型环境规制下的高环境治理成本迫使农户使用更先进的绿色生产技术，农业企业研发新的绿色技术及产品，从而抑制农业碳排放强度上升。最后，行政型环境规制可以进行农业生产要素的价格调整，优化生产资料消费的结构，减少化肥、农药的使用从而降低碳排放强度。

（7）农业要素投入结构（ES）对农业碳排放强度的抑制作用最强。种植业非清洁要素投入比重越高，碳排放强度越低，这与预期基本一致。然而，东部地区的农业要素投入结构（ES）对农业碳排放强度的抑制作用不显著。可能的原因是，东部地区的农业非清洁要素投入已经达到较低的水平。

（8）农业要素投入效率（EE）对农业碳排放强度的抑制作用也显著，但东部地区不显著。农业非清洁要素投入效率水平反映的是在一定时期内创造的产出与其相适应的非清洁要素投入量的比值。粗放式、低效率的非清洁要素投入消耗所产生的碳排放强度较大（邓悦等，2021），因此非清洁要素投入效率的提升必然成为降低碳排放水平的主要手段，这基本与预期一致。

（9）仅东部地区的农业产业结构（PS）显著降低农业碳排放强度。其他地区农业产业结构（PS）的碳减排效应不显著。可能的原因是，东部地区作为经济发展较好、技术水平较高的区域，更容易形成产业聚集效应和规模效应等，出现规模报酬递减，会降低碳排放强度。其他地区可能存在种植业占比较大，农业产业结构不合理的问题，比如，种植业生产要素的过度投入导致生产效率下降的问题，农业内部结构比重转向种植业会进一步降低生产效率，不利于碳减排。加之，种植业自身的"高碳-低效益"特征较之其他具有"低碳-高效益"特征的农业行业不存在碳减排优势（田云等，2020）。

表 4-5　中国农业碳排放强度条件 β 收敛检验结果

变量	全国	东部	中部	西部	粮食主产区	非粮食主产区
$L.CI$	0.761 ***	0.687 ***	0.682 ***	0.647 ***	0.644 ***	0.722 ***
	(0.027)	(0.047)	(0.048)	(0.059)	(0.040)	(0.039)
$City$	−0.343 ***	−0.269 ***	−0.939 ***	−0.382 **	−1.104 ***	−0.232 ***
	(0.062)	(0.077)	(0.169)	(0.182)	(0.146)	(0.071)
PIC	−0.015	−0.099 **	0.120 ***	−0.014	0.128 ***	−0.089 ***
	(0.021)	(0.039)	(0.036)	(0.047)	(0.031)	(0.030)
$TEAN$	0.012	0.025	0.030	0.011	0.050	−0.009
	(0.026)	(0.047)	(0.042)	(0.063)	(0.039)	(0.036)
PP	−0.340 ***	−0.346 ***	−0.340 ***	−0.373 ***	−0.302 ***	−0.407 ***
	(0.056)	(0.112)	(0.092)	(0.089)	(0.081)	(0.075)
FIN	−0.384 **	0.118	−0.128	−0.991 ***	−0.046	−0.531 ***
	(0.154)	(0.302)	(0.273)	(0.269)	(0.229)	(0.200)
EPR	−0.036 ***	−0.033 ***	−0.091 ***	−0.081 **	−0.118 ***	−0.020 **
	(0.008)	(0.011)	(0.024)	(0.031)	(0.019)	(0.010)
CER	−0.009 **	0.003	−0.020 ***	−0.025 ***	−0.016 ***	−0.010 *
	(0.004)	(0.007)	(0.007)	(0.009)	(0.005)	(0.006)
ES	−2.105 ***	0.005	−4.081 ***	−4.519 ***	−4.864 ***	−3.196 ***
	(0.595)	(1.241)	(1.183)	(1.091)	(0.981)	(0.856)
EE	−0.026 ***	−0.012	−0.034 ***	−0.035 ***	−0.039 ***	−0.030 ***
	(0.005)	(0.009)	(0.010)	(0.009)	(0.007)	(0.006)

（续）

变量	全国	东部	中部	西部	粮食主产区	非粮食主产区
PS	−0.007	−0.173*	−0.105	0.346	0.170	−0.072
	(0.069)	(0.093)	(0.205)	(0.240)	(0.174)	(0.087)
常数项	2.071***	2.981***	1.809***	2.783***	1.629***	3.175***
	(0.382)	(0.709)	(0.590)	(0.833)	(0.506)	(0.570)
Number	30	11	10	9	13	17
R^2	0.950	0.955	0.946	0.965	0.956	0.955
调整的 R^2	0.946	0.950	0.939	0.960	0.951	0.950
F 值	868.200	350.000	251.700	345.500	406.100	540.800
模型	FE	FE	FE	FE	FE	FE

注：括号内为误差项；***、**和*分别表示在1%、5%和10%的水平上显著。

五、本章小结

本章以狭义农业——种植业为研究对象，采用碳计量模型对中国各省份的农业碳排放强度进行了测算，并对农业碳排放强度的时空效应及其收敛性进行了全面分析，结论如下：

（1）从时间角度看，2000—2019年中国农业碳排放总量呈波动上升趋势，不同时间内呈"波动上升—缓慢下降"的变化趋势，并且在2015年前后的全国、中西部地区、两大粮食区和2007年的东部地区出现了一波农业的碳排放峰值。农业碳排放强度呈不断下降趋势，不同时间段内的变化趋势呈"平稳下降—急速下降—波动下降"的状态。在全国层面、东中西部的三大经济分区和两大粮食分区的2019年中国农业碳排放强度平均值，分别比2005年降低了49.07%、51.56%、41.77%、55.21%、44.66%和52.91%。这充分肯定了农业碳减排政策的积极作用。

（2）从空间角度看，三大经济分区中的东、中、西部的农业碳排放总量发展趋势各有不同，中部地区的农业碳排放最高且在2008年超过了全国平均水平，东部和西部地区的农业碳排放总量水平一直低于全国平均水平。在两大粮食分区中，粮食主产区的碳排放水平均高于全国平均水平，面临巨大的"增产"和"降碳"压力。农业碳排放的区域差距较大，华北地区是高碳排放主要聚集地区，华中和华东地区是较高碳排放的聚集地区，并且区域间碳排放呈"异质化"的状态。需要特别注意的是，吉林的农业碳排放强度在上升。

（3）从收敛角度看，2000—2019 年农业碳排放强度的绝对差距在缩小后逐步扩大，且不存在 σ 收敛、绝对 β 收敛和条件 β 收敛，即农业碳排放强度不存在差异缩小，反而呈区域差异扩大的趋势。各地区要实现真正意义上的协调、平衡发展以呈现出"追赶效应"或条件收敛趋势还有较长的一段路要走。本书认为三大经济分区层面碳排放的变化趋势与地区发展阶段及经济增长方式等密切相关，两大粮食分区则与农业生产活动有关。其中，东部地区增长快的原因是经济总量增长的结果，西部地区则与粗放的经济增长方式有关，粮食主产区则与其种植生产结构有关，中部地区则与经济增长方式和农业生产活动有关。

（4）从空间收敛性的影响因素来看，基期农业碳排放强度显著促进滞后期内农业碳排放强度的提升。全国层面的城镇化水平（City）、农业价格政策（PP）、财政支农政策（FIN）、经济型环境规制（EPR）、行政型环境规制（CER）、农业要素投入效率（EE）、农业要素投入结构（ES）均显著抑制农业碳排放强度的上升。然而，农民可支配收入（PIC）在东部和非粮食主产区显著降低但在中部和粮食主产区地区显著增加农业碳排放强度。

第五章　农业绿色技术进步对碳排放的影响路径

一、问题的提出

温室气体排放严重威胁全球生态环境及经济社会的可持续发展，已经成为关系世界各国利益的全球性问题。中国碳排放强度从 2010 年的 132.8 万吨/亿美元下降到 2017 年的 75.4 万吨/亿美元，但仍是世界平均水平的 1.8 倍（World Bank，2017；Yang 等，2019）。在此背景下，中国"十三五"规划提出，将坚持绿色发展，着力改善生态环境转向有计划地开发自然资源并尽力减少"三废"排放的绿色发展方式。并承诺 2030 年的单位国内生产总值 CO_2 排放将比 2005 年下降 65% 以上，力争于 2030 年前达到峰值，努力争取 2060 年前实现碳中和。农业作为碳排放的重要来源，其碳排放量占总碳排放量的 17%。因此，在资源环境日益趋紧的背景下，探究农业绿色技术进步对碳排放的影响及作用机理，对引领中国农业经济增长方式的彻底转变，实现高质量、绿色发展具有重要意义。

现有研究尽管深入研究了技术进步对碳排放或碳排放强度的影响，但很少有研究分析农业绿色技术进步对碳排放强度的影响。此外，鲜有研究从异质性视角分析绿色技术进步对碳排放或碳排放强度的影响，特别是不同类型农业绿色技术进步对碳排放或碳排放强度影响的差异。因此，本章提出如下问题：农业绿色技术进步是通过何种途径对农业碳排放产生作用的？从类型和时空异质性角度上看，不同类型和地区视角下的农业绿色技术进步对碳排放强度的作用路径存在什么不同？两种类型农业绿色技术进步对碳排放作用路径有什么差距？促进不同地区农业绿色技术进步实现低碳排放的战略是什么？显然，对这些问题的研究将有助于为决策者提出明确而具体的建议，这是本章研究的动机。因此，本章将通过研究农业绿色技术进步及其不同类型与碳排放强度的关系，深入研究不同类型农业绿色技术进步对碳排放强度的影响机理。

二、模型构建、变量选择与数据说明

（一）模型构建

1. 动态面板 GMM 模型

为考察农业绿色技术进步对农业碳排放强度的影响，本章设置农业结构（PS）、农业价格政策（PP）、经济型环境规制（EPR）和行政型环境规制（CER）等 5 个控制变量，建立基础性计量模型：

$$CI = \mu_i + \beta_i AG + \theta X + \varepsilon_{it} \qquad (5-1)$$

式中，i 为省份；t 为年份；AG 可以代表农业绿色技术进步（AGTP）或资源节约型农业绿色技术进步（AEGTP）或环境友好型农业绿色技术进步（ACGTP）；CI 为农业碳排放强度；X 为控制变量；μ_i 为截距；β_i 和 θ 为回归系数；ε_{it} 为随机扰动项。

此外，从上一章可以看到农业碳排放强度滞后期对研究期内农业碳排放强度有一定的影响，本章在式（5-1）基础上引入农业碳排放强度的一阶滞后项，构建动态面板模型进行分析。

$$CI = \mu_i + \beta_i AG + \theta_1 CI_{t-1} + \theta_2 X + \varepsilon_{it} \qquad (5-2)$$

式中，i 为省份；t 为年份；CI 为碳排放强度；X 为控制变量；θ_1 和 θ_2 为回归系数。

2. 中介效应模型

为检验农业要素投入结构（ES）和农业要素投入效率（EE）分别在绿色技术进步与碳排放强度中的中介作用，本章借鉴 Baron 和 Kenny 等（1986）的研究方法。首先，根据 AGTP 分析并介绍碳排放强度影响的机理及其链式多重中介效应模型，本章设定如下基本计量模型，用于检验 AGTP、AEGTP 和 ACGTP 对碳排放强度的影响：

$$CI = \phi_i + \varphi_i AG + \eta_i X + \mu_i + b_i + \varepsilon_{it} \qquad (5-3)$$

式中，CI 为碳排放强度；X 为控制变量，包含了独立于 AG 对 CI 产生影响的若干变量；μ_i 表示不可观测的地区变量个体固定效应；ϕ_i 为截距；φ_i 和 η_i 为回归系数；b_i 为不可观测的时间变量固定效应。

根据已有研究，AG 可能通过农业要素投入结构（ES）和农业要素投入效率（EE）影响 CO_2 排放强度。为检验农业要素投入效率（EE）、农业要素投入结构（ES）和农业要素投入效率（EE）与农业要素投入结构（ES）联动在农业绿色技术进步对碳排放强度影响过程中的中介作用，本章借助链式多重中介效应模型（吴学花等，2021），模型设定如下：

$$ES = \alpha_1 + \sigma_1 AG + \varepsilon_1 X' + \mu'_i + b'_i + \varepsilon'_{it} \qquad (5-4)$$

$$EE = \alpha_2 + \beta_1 AG + \beta_2 ES + \varepsilon_2 X'' + \mu''_i + b''_i + \varepsilon''_{it} \qquad (5-5)$$

$$CI = \alpha_3 + \phi_1 AG + \phi_2 ES + \phi_3 EE + \varepsilon_3 X + \mu_i + b_i + \varepsilon_{it}$$

$$(5-6)$$

式中，农业要素投入结构（ES）、农业要素投入效率（EE）和农业要素投入效率（EE）与农业要素投入结构（ES）联动为中介变量；AG 分别可代表农业绿色技术进步（AGTP）和资源节约型农业绿色技术进步（AEGTP）、环境友好型农业绿色技术进步（ACGTP）。式（5-4）～式（5-6）列出了 AGTP 通过农业要素投入结构（ES）和农业要素投入效率（EE）等的中介变量影响碳排放强度的回归方程。X、X' 和 X'' 为控制变量，包含了独立于 AGTP 对碳排放强度产生影响的若干变量；μ、μ' 和 μ'' 表示不可观测的地区变量和个体固定效应；b、b' 和 b'' 为不可观测的时间变量固定效应；α_1、α_2、α_3 分别为截距项；α、β、ϕ 分别为回归系数。

（二）变量选择与数据说明

1. 被解释变量

碳排放强度（CI）：采用碳计量模型测算出的种植业碳排放量与种植业生产总值之比来衡量各省份种植业碳排放强度（田云等，2010）。

2. 解释变量

农业绿色技术进步（AGTP）主要采用 EBM-GML 模型进行测度，具体测算模型见第四章。同时，本章选取绿色节水灌溉技术采用率和免耕技术采用率分别作为资源节约型农业绿色技术进步（AEGTP）和环境友好型农业绿色技术进步（ACGTP）的替代指标。具体原因与内容见第四章。

3. 中介变量

农业要素投入结构（ES）反映的是农业生产过程中清洁和非清洁要素投入消耗情况，不同的农业要素投入结构对碳排放强度的影响存在差异。在前文数理演绎和传导机制中，要素投入结构主要是通过非清洁要素投入量和清洁要素投入量的比例来表示。本章限于农业数据的可获取性，选取种植业能源消费总量占农业总能源消费的比重来衡量（Xu 等，2021）。比值越大，说明种植业的非清洁要素投入在农业要素投入消费中的比重越高。反之，则说明种植业非清洁要素投入在农业消费中的比重越低。

农业要素投入效率（EE）反映了农业非清洁要素投入总量的单位占比，提高农业生产中的非清洁要素投入利用效率是当前和今后较长时期内践行绿色低碳农业发展理念的重要方式。本章选取农林牧渔能源消费总量与农业总产值的比值来衡量（李建华等，2011）。比值越大，非清洁要素投入效率越高。反之，农业非清洁要素投入效率越低。因此，提高农业非清洁要素投入产出效率刻不容缓。

4. 其他控制变量

在多重共线性检验的基础上，本章设定的控制变量包括城镇化水平（City）、农业技术人员（TEAN）、农业价格政策（PP）、财政支农政策（FIN）、经济型环境规制（EPR）、行政型环境规制（CER）和劳动力水平（labor）。除农业技术人员（TEAN）采用的是公有经济企事业单位农业技术人员数量作为衡量指标，其余各变量均与第三、四章取值一致。各控制变量概念和取值与第三、四章一致，本章不再阐述。描述性统计结果具体如表5-1所示。此外，为更好地减少模型的误差项和消除数据的非平稳性，本章对数值型数据均进行对数处理，比值型数据均使用原始值。在模型中对部分数据进行标准化或缩尾处理。

表 5 - 1　描述性统计分析

变量	平均值	标准差	最小值	最大值
AGTP	1.037	0.156	0.602	1.951
AEGTP	0.224	0.237	0.014	2.394
ACGTP	0.065	0.112	0.000	0.639
CI	264.529	103.442	55.109	626.468
ES	0.029	0.021	0.004	0.087
EE	3.668	2.041	0.979	8.536
TEAN	25 041.390	12 569.280	5 680.000	49 667.000

（续）

变量	平均值	标准差	最小值	最大值
CER	31.233	50.862	0.000	235.000
EPR	6.354	3.598	0.904	17.804
PS	0.636	0.106	0.357	0.839
PP	1.022	0.065	0.879	1.315

三、农业绿色技术进步对碳排放影响的基础回归分析

（一）全国层面的 GMM 估计结果分析

考虑到农业碳排放强度（CI）存在一定的滞后期，本章选择系统 GMM 模型对其进行分析，具体估计结果如表 5-2 所示。模型（1）~（3）分别代表农业绿色技术进步（AGTP）和资源节约型农业绿色技术进步（AEGTP）、环境友好型农业绿色技术进步（ACGTP）的 GMM 估计结果。由表 5-2 结果可知，AR（1）和 AR（2）表明存在一阶自相关，但不存在二阶自相关，Sargan 检验结果显示无法拒绝"所有工具变量均有效"的原假设，这表明本章的工具变量设置是合理的。表 5-1 中三组回归模型估计下的农业碳排放强度（CI）滞后项系数分别为 0.972、0.939、0.949，且在 1% 的水平上显著。这充分说明，全样本下的农业碳排放强度（CI）存在明显的滞后效应，说明考虑动态面板模型来研究中国农业碳排放强度（CI）问题是有必要的，也说明考虑时间趋势下农业绿色技术进步对碳排放强度的影响十分必要。

在全样本动态面板模型 GMM 估计下，农业绿色技术进步（AGTP）和资源节约型农业绿色技术进步（AEGTP）、环境友好型农业绿色技术进步（ACGTP）对农业碳排放强度有显著的负向影响，即农业绿色技术进步（AGTP）和资源节约型农业绿色技术进步（AEGTP）、环境友好型农业绿色技术进步（ACGTP）均具有减排效果。其中，环境友好型农业绿色技术进步（ACGTP）对碳排放的减排效果比资源节约型农业绿色技术进步（AEGTP）明显。这说明中国农业生产具有科学生产意识和绿色环保观念，这对农业碳排放强度具有显著的抑制作用。在农业上，我们需要加强对节约农业资源的鼓励，促使资源的合理分配才是绿色技术实现农业碳减排的关键。

表 5 - 2　全样本动态面板模型 GMM 估计结果

变量	(1) CI 全样本	(2) CI 全样本	(3) CI 全样本
L. CI	0.972*** (0.011)	0.939*** (0.018)	0.949*** (0.011)
AGTP	−0.168*** (0.026)	—	—
AEGTP	—	−0.019*** (0.005)	—
ACGTP	—	—	−0.079* (0.042)
PP	−0.317*** (0.040)	−0.362*** (0.023)	−0.062*** (0.006)
EPR	−0.044*** (0.006)	−0.056*** (0.007)	−0.170*** (0.029)
CER	−0.000 4*** (0.000)	−0.000 3*** (0.000)	−0.000 8*** (0.000 2)
PS	0.067 (0.151)	−0.011 (0.160)	−0.010 (0.057)
Constant	0.635*** (0.145)	0.754*** (0.198)	−0.081 5*** (0.015 2)
Observations	570	570	570
Number	30	30	30
AR (1)	0.000	0.000	0.000 1
AR (2)	0.378	0.365	0.381
Sargan	1.000	1.000	1.000

注：括号内为误差项；***、** 和 * 分别表示在 1%、5% 和 10% 的水平上显著。

从控制变量看，农业价格政策（PP）对农业碳排放强度提升具有显著的抑制作用。中国农业贸易条件深受农业价格政策影响，主要表现在农产品价格支持政策和目标价格政策改革引起贸易条件发生变化。粮食最低收购价和临时收储政策的实行降低了农户出售农产品的风险，提高了农户的生产积极性，农产品产量大幅增加。同时，农业补贴政策及其改进也对农业技术进步产生复杂的影响。例如，良种补贴和农机购置补贴有利于农业机械化进程的推进以及先进农机的使用和推广，进而促进农业产出技术进步。然而，对农业投入品——农药、化肥、农膜的补贴会导致农户生产成本下降和投入要素使用比例发生改变，从而造成农产品市场价格扭曲，以及浪费和不合理利用特定补贴投入品，不利于农业经济和环境协调发展。此外，经济型环境规制（EPR）、行政型环境规制（CER）对农业碳排放强度的提升也具有抑制作用，具有碳减排效应。这说明经济型环境规制（EPR）和行政型环境规制（CER）政策是碳减排较为有效的政策工具。一方面，行政型环境规制政策通过强制性方式直接作用于被规制对象，作用于农业生产技术、生产效率、生产结构等多个方面，从而直接影响地区的农业碳排放；另一方面，经济型环境规制可以通过补贴等手段促进农业技术创新，改善农业管理效率等方式间接影响碳排放。经济型环境规制（EPR）和行政型环境规制（CER）均对碳强度提升具有显著抑制作用，说明了环境规制政策碳减排的有效性。

（二）三大经济分区的 GMM 估计结果分析

表5-3的15组回归模型估计显示农业碳排放强度（CI）滞后项系数部分显著。这与全样本一样，也充分说明农业碳排放强度（CI）在部分地区存在明显的滞后效应，通过动态面板模型来研究中国分地区的农业碳排放强度（CI）问题十分必要。分地区的滞后项中，中部和西部地区不完全显著。这说明部分地区中，当期和滞后一期的农业绿色技术进步并不必然降低农业碳排放强度。此外，与前文一样，AR（1）、AR（2）和 Sargan 检验值表明模型结果是合理的。

三大经济分区动态面板模型 GMM 模型估计下，各地区绿色技术进步及其不同类型对碳排放强度的抑制性作用均与全国层面的模型结果一致，其区域的抑制作用排序是东部＞中部＞西部。分类型看，环境友好型农业绿色技术进步（ACGTP）对碳排放强度的抑制性作用均比资源节约型农业绿色技术进步（AEGTP）明显。其中，中部地区资源节约型农业绿色技术进步（AEGTP）和环境友好型农业绿色技术进步（ACGTP）对农业碳排放强度均不显著。可能的原因是，农业绿色技术进步指数对农业碳排放呈 EKC 曲线的倒 U 形影响，目前中部地区排放高、污染大，农业绿色技术进步对碳减排的影响处于最低水平。或者是，农业绿色技术进步指数在中部内保持不变，其进步水平变化在趋向于下降，所以碳减排水平不显著。东部地区的资源节约型农业绿色技术进步（AEGTP）和西部地区的环境友好型农业绿色技术进步（ACGTP）对农业碳排放强度的负向影响在 10％的水平上均显著。东部的资源节约型农业绿色技术进步对碳排放强度显著而环境友好型农业绿色技术进步不显著。可能的原因是，为支持农业发展、推动农村可持续发展，东部一直重视资源节约型农业绿色技术进步在农业生产中的重要作用，其生产效率已经达到一定的高度。与此同时，东部也实行鼓励发展粮食生产、发展农业机械化、发展农田水利建设、农业科技等政策。与之相反的是，西部的环境友好型农业绿色技术进步的碳减排效应发展较好，而资源节约型农业绿色技术进步对碳减排的影响仍然不显著。可能是因为，西部是国家限制开发区，资源环境承载能力弱，却是关系全国生态安全的重要区域。国家因地制宜，大力发展资源环境可承载的特色产业，加强了西部地区生态修复和环境保护，使之逐步成为全国或区域性的重要生态功能区。因此，西部地区的环境友好型绿色技术进步发展较好，这也说明了国家在西部进行环境友好型建设的成果显著。

中部和西部的农业价格政策（PP）对碳排放强度的抑制作用不如东部地区。可能的原因是，粮食最低收购价和临时收储政策的实行降低了东部地区农户出售农产品的风险，提高了农户的生产积极性和效率，进而降低了农业碳排放。此外，西部地区的行政型环境规制（CER）对碳排放强度的抑制作用显著。这也验证了前文西部的环境友好型农业绿色技术进步碳减排效应显著的主要原因是国家进行西部限制性开发的推论。

表 5-3　三大经济分区动态面板模型 GMM 估计结果

变量	东部			中部			西部		
	(1)	(2)	(3)	(4)	(5)	(6)	(7)	(8)	(9)
	CI	CI	CI	CI	CI	CI	CI	CI	CI
$L.CI$	0.614***	0.593***	0.794***	1.038***	1.042	0.803***	0.191	−0.362	0.843***
	(0.222)	(0.214)	(0.253)	(0.119)	(0.210)	(0.255)	(0.413)	(0.607)	(0.160)
$AGTP$	−0.582**	—	—	−0.551**	—	—	−0.214**	—	—
	(0.260)			(0.218)			(0.101)		

（续）

变量	东部			中部			西部		
	(1)	(2)	(3)	(4)	(5)	(6)	(7)	(8)	(9)
	CI	CI	CI	CI	CI	CI	CI	CI	CI
AEGTP	—	−0.285*	—	—	−3.560	—	—	−37.65	—
		(0.146)			(2.499)			(28.90)	
ACGTP	—	—	−0.006	—	—	−0.004	—	—	−0.121*
			(0.005)			(0.013)			(0.072)
PP	−0.391*	−0.372*	−0.402*	−0.325***	−0.027	−0.017	−0.062 4	−4.951	−0.811***
	(0.214)	(0.210)	(0.208)	(0.120)	(0.022)	(0.016)	(0.341)	(3.353)	(0.248)
EPR	−0.126*	−0.064 2	−0.012	−0.028 7	−1.201	−0.093	−0.169	1.074	0.260
	(0.076 2)	(0.055 4)	(0.051)	(0.081)	(0.914)	(0.093)	(0.212)	(1.820)	(0.203)
CER	0.000 2	−8.72e−05	−0.000 2	0.000 6	−0.001	−0.028	−0.001***	−0.005**	−6.14e−05
	(0.000 4)	(0.000 2)	(0.000 2)	(0.001)	(0.002)	(0.107)	(0.000 4)	(0.002)	(0.000 3)
PS	−0.021 9	−0.392	−0.224	−0.662	0.201	0.051	5.340*	−18.91	8.063
	(0.058 8)	(0.428)	(1.070)	(0.692)	(0.619)	(0.172)	(2.836)	(18.80)	(5.055)
常数项	2.600*	4.193***	1.604	0.613	2.428**	1.062	1.656*	22.910	1.213*
	(1.401)	(1.462)	(1.701)	(0.757)	(0.957)	(1.475)	(0.990)	(18.290)	(0.674)
观察项	209	209	209	190	190	190	171	171	171
Number	11	11	11	10	10	10	9	9	9
AR (1)	0.022	0.098	0.031	0.029	0.013	0.027	0.094	0.000	0.016
AR (2)	0.943	0.708	0.770	0.350	0.570	0.643	0.836	0.878	0.703
Sargan	1.000	1.000	1.000	1.000	1.000	1.000	1.000	1.000	1.000

注：括号内为误差项；***、**和*分别表示在1%、5%和10%的水平上显著。

（三）两大粮食分区的 GMM 估计结果分析

在两大粮食分区中，粮食主产区的农业绿色技术进步（AGTP）、资源节约型农业绿色技术进步（AEGTP）和环境友好型农业绿色技术进步（ACGTP）对农业碳排放强度均完全显著。这说明了在增产和增绿双重压力下，粮食主产区的资源节约型和环境友好型农业绿色技术进步得到长效发展。在非粮食主产区，农业绿色技术进步（AGTP）和资源节约型农业绿色技术进步（AEGTP）对农业碳排放强度均显著，而环境友好型农业绿色技术进步（ACGTP）对农业碳排放强度却不显著。可能的原因是，东部沿海地区农用土地有限，华北地区水土要素组合欠佳（郭鸿鹏，2011）。环境友好型农业绿色技术进步的发展较不足，资源节约型农业绿色技术进步发展更好。

在控制变量中，粮食和非粮食主产区的农业价格政策（PP）对农业碳排放强度的影响显著为负。与预期不一样的是，非粮食主产区的农业价格政策（PP）对农业碳排放强度的影响系数显著大于粮食主产区。这与第四章的结论基本一致。原因是，当前的中国农业市场交易受到农业价格政策影响，当农业价格提高，非粮食主产区的农户生产的积极性比粮食主产区中以种植业为主的农户的生产积极性更高，可以促进农业机械化进程推进及先进农机的使用和推广，进而促进农业经济和环境协调发展（张传慧，2020）。

表 5-4　两大粮食分区动态面板模型 GMM 估计结果

变量	粮食主产区			非粮食主产区		
	(1)	(2)	(3)	(4)	(5)	(6)
	CI	CI	CI	CI	CI	CI
$L.CI$	0.909 ***	0.509 ***	0.608 ***	0.932 ***	0.867 ***	0.995 ***
	(0.099)	(0.186)	(0.173)	(0.064 2)	(0.091)	(0.031 2)
$AGTP$	−0.203 **	—	—	−0.186 *	—	—
	(0.085)			(0.105)		
$AEGTP$	—	−0.545 *	—	—	−0.104 *	—
		(0.284)			(0.058)	
$ACGTP$	—	—	−1.361 *	—	—	−0.044
			(0.737)			(0.056)
PP	−0.258 ***	−0.539	−0.310	−1.442 ***	−0.398 ***	−0.422 ***
	(0.093)	(0.328)	(0.437)	(0.253)	(0.101)	(0.083)
EPR	−0.074	−0.340 ***	−0.262 ***	−0.089 **	−0.079 ***	−0.033 **
	(0.069)	(0.093)	(0.071)	(0.044)	(0.026)	(0.013)
CER	−0.001 *	−0.003 **	−0.001	−0.001 **	−0.000 2	0.000 2
	(0.000 3)	(0.001)	(0.001)	(0.000 4)	(0.000 2)	(0.000 2)
PS	−0.232	−1.218	0.122	2.134	−0.179	−0.313
	(0.527)	(1.858)	(2.091)	(1.746)	(0.193)	(0.443)
常数项	1.279	0.893	0.799	0.344	1.272 ***	0.622 **
	(0.968)	(1.599)	(1.841)	(0.980)	(0.489)	(0.301)
观察项	247	247	247	323	323	323
Number	13	13	13	17	17	17
AR (1)	0.007	0.071	0.030	0.031	0.002	0.001
AR (2)	0.563	0.740	0.312	0.724	0.527	0.700
Sargan	1.000	1.000	1.000	1.000	1.000	1.000

注：括号内为误差项；***、**和*分别表示在1%、5%和10%的水平上显著。

四、农业绿色技术进步对碳排放的作用机制分析

（一）农业绿色技术进步对碳排放的传导机制

学术界已经达成共识，要素投入结构变化和非清洁要素投入效率提升是影响碳排放强度的最关键因素（Ma 等，2017；Huang 等，2020）。根据现有技术进步和碳排放强度相关文献的不同研究目的，可以大致分为：一是侧重于结构性的变化；二是强调效率的提高。但是，结构性的变化也会影响效率的变化。其具体传导机制和影响途径主要有三种：

1. 传导机制一：农业绿色技术进步→农业要素投入结构→农业碳排放强度

农业要素投入结构路径，反映了"替代效应"。具体来看，技术进步作用于非清洁和清洁要素投入时会产生不同的要素使用特征：一是通过同比例改变非清洁和清洁要素投入的边际生产率，从而使清洁和非清洁要素投入同比例变化，引起对非清洁要素的节约，促进节能减排；二是通过改变非清洁要素与其他清洁要素投入之间的边际生产率，从而改变清洁和非清洁要素投入的相对使用量，产生节约非清洁要素投入效果，达到节能减排的效应。

Hogan（1979）首先提出了能源等非清洁要素与新能源等清洁要素之间的替代。许多研究人员在此基础上分析了非清洁和清洁要素之间的替代结构对碳排放强度的影响，这些主要都是内部的替代（Bloch 等，2015）。后来，有学者（Arnberg 和 Bjorner，2007；Kim 和 Heo，2013）引入外部要素，开展了更多关于非清洁要素投入和清洁要素投入之间的替代效应及其对碳排放强度的影响的研究。但是整体来说，技术进步能够促使清洁技术的成本降低（Taheri 等，2002），通过改变农用生产资料中的要素投入比例，增加清洁要素（生物农药、太阳能）的使用比例，改变要素投入结构，进而降低碳排放强度。根据上述分析提出本章第一个假设。

假设 1：农业绿色技术进步通过农业要素投入结构路径影响碳排放强度。

2. 传导机制二：农业绿色技术进步→农业要素投入效率→农业碳排放强度

农业要素投入效率，也被称为农业非清洁要素投入效率提升路径，反映

了"规模报酬效应"。技术进步对非清洁要素投入效率的影响有两个方面：中性技术进步和偏向性技术进步。前者是同比例地提高非清洁要素的边际生产率（Zhang 等，2003；Zhao 等，2010），后者是不同比例地改变清洁与非清洁要素的投入和使用效率。对于偏向性技术进步，如果技术进步使清洁要素的边际产出比非清洁要素投入增加得更快，则认为技术进步偏向清洁要素（樊茂清等，2010；王班班和齐绍洲，2014）。有分析认为偏向性技术对要素投入效率有影响，主要通过降低单位产出的非清洁要素使用量，从而提升非清洁要素投入效率，进而有效减少碳排放强度（Acemoglu，2012；王班班，2014）。

农业绿色技术进步作为偏向性技术进步的一部分，已被公认为是非清洁要素投入效率增长的核心驱动力（Aghion 和 Howitt，1992；Goraczkowska，2020），显著影响农业碳排放强度。赵文琦（2020）通过产业空间模型分析中国能源产业及其相关产业的因子配置效率的变化，发现技术通过非清洁要素投入效率显著降低碳排放，并且西部的技术与要素效率存在差异不匹配的显著性大于东中部，进而发现工业的碳强度也存在巨大差异。Sun 等（2017）从自然资源利用的角度，进一步验证了农业绿色技术进步提高了自然资源的利用率，降低了企业的生产成本，提高了生态效率和碳效率。Saudi 等（2019）通过使用自回归分布式滞后边界测试方法得出，技术创新有助于提高印度尼西亚的非清洁要素投入效率，降低非清洁要素投入消耗和碳排放强度。根据上述分析提出本章第二个假设。

假设 2：农业绿色技术进步通过农业非清洁要素投入效率提升路径降低碳排放强度。

3. 传导机制三：农业绿色技术进步→农业要素投入结构→农业要素投入效率→农业碳排放强度

有研究表明，农业要素投入结构和农业非清洁要素投入效率优化之间也存在紧密联动。技术进步可以通过同比例地提高要素的边际生产率或不同比例地改变要素的投入，并且会通过改变清洁与非清洁生产要素的投入比例来影响要素投入和总产出效率（Li 等，2013；Lin 等，2014；Fan 等，2016）。要素投入结构因国家、地区和时间而异，在考虑碳强度的决定因素时不可忽略不同的要素投入有不同的利用效率（Huang 等，2017；Li 等，2013）。从低效的非清洁要素投入到高效的清洁要素投入的转变，减少相同耗能活动所需的非清洁要素投入，从而降低碳强度（Han 和 Wu，2018）。随着经济的发展，出现了从传统生物质要素到传统商品要素再到新型商品要素的要素投入转型的总体格局（Han 等，2018）。低效的非清洁的比例越高，将产生的碳强度越低。一般来说，农业绿色技术进步可能促使新非清洁要素投入在清洁要素投入结构中的占比增大，使得具有相同当量的不同要素投入种类带来更高的经济产出，从而提升非清洁要素投入效率，对碳强度产生抑制效应。因此，本章关注的重点之三是农业绿色技术进步通过要素投入结构引发非清洁要素投入效率结构优化的链式中介效应对碳排放产生作用，并综合以上分析提出本章第三个假设。

假设 3：农业绿色技术进步通过要素投入结构引发非清洁要素投入效率优化的链式中介效应对碳排放强度的提升产生抑制作用。

综合上述分析，农业绿色技术进步可通过农业要素投入结构（ES）、和农业要素投入效率（EE）以及农业要素投入结构（ES）联动农业要素投入效率（EE）三种途径来共同促进经济增长，具体如图 5-1 所示。

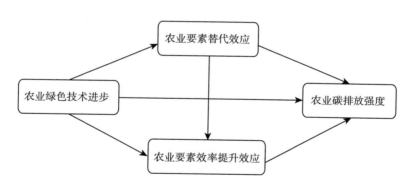

图 5-1　农业绿色技术进步对碳排放强度影响的传导路径

（二）农业绿色技术进步对碳排放的直接作用及区域异质性分析

根据式（5-3），本章分别对农业绿色技术进步及其不同类型对碳排放强度的中介效应进行计算。因篇幅所限，同时为更好呈现农业绿色技术进步对碳排放强度的直接效果，本书直接展示结果在表 5-5（其中，全样本模型具体结果见表 5-4，分地区模型具体结果见附表 1～附表 5）。

表5-5 全国层面的中介效应回归结果

变量	AGTP				AEGTP				ACGTP			
	(1)	(2)	(3)	(4)	(1)	(2)	(3)	(4)	(1)	(2)	(3)	(4)
	CI	ES	EE	CI	CI	ES	EE	CI	CI	ES	EE	CI
AGTP	-0.396*** (0.115)	-0.669*** (0.210)	0.321* (0.186)	-0.304*** (0.113)	—	—	—	—	—	—	—	—
AEGTP	—	—	—	—	-0.079*** (0.016)	-0.250*** (0.029)	-0.291*** (0.026)	-0.093*** (0.019)	—	—	—	—
ACGTP	—	—	—	—	—	—	—	—	-0.325*** (0.072)	-0.649*** (0.131)	-0.448*** (0.118)	-0.297*** (0.072)
ES	—	—	-0.286*** (0.036)	0.090*** (0.023)	—	—	-0.426*** (0.034)	0.037 (0.025)	—	—	-0.321*** (0.036)	0.073*** (0.023)
EE	—	—	—	-0.063** (0.025)	—	—	—	-0.125*** (0.027)	—	—	—	-0.084*** (0.025)
控制变量	已控制	已控制	已控制	已控制	已控制	已控制	已控制	已控制	已控制	已控制	已控制	已控制
常数项	5.587*** (0.142)	-2.993*** (0.261)	-0.546** (0.253)	5.876*** (0.154)	5.058*** (0.076 1)	-4.048*** (0.134)	-1.123*** (0.179)	5.284*** (0.122)	5.175*** (0.073 0)	-3.687*** (0.133)	-0.324* (0.177)	5.518*** (0.108)
观察项	600	600	600	600	600	600	600	600	600	600	600	600
R^2	0.064	0.017	0.113	0.110	0.082	0.114	0.268	0.136	0.077	0.040	0.129	0.125

注：括号内为误差项；***，**和*分别表示在1%，5%和10%的水平上显著。

1. 绿色技术进步的直接效应实证结果与分析

全国层面的农业绿色技术进步（AGTP）的系数为－0.396，反映了农业绿色技术进步（AGTP）对碳排放强度的直接效应，表明农业绿色技术进步（AGTP）每增加一个百分点，将使碳排放强度直接降低0.396个单位。农业绿色技术进步（AGTP）本身碳排放强度的直接减排作用仍十分明显。此外，表5-5模型（1）中农业绿色技术进步（AGTP）的系数－0.396与表5-5模型（4）中的－0.304存在差异，差异主要是由扰动项及控制变量选择误差导致的（吴学花等，2021）。

各地区的农业绿色技术进步（AGTP）对碳排放强度的直接效应存在较大差异。本文分别对东、中、西部和粮食主产区、非粮食主产区的直接效应分别进行研究，结果发现东、中、西部和粮食主产区、非粮食主产区农业绿色技术进步（AGTP）的回归系数分别为－0.674、－0.518、－0.327和－0.457、－0.344。除东部地区外，各地区的直接效应均显著。农业绿色技术进步（AGTP）对农业碳排放强度直接效应的区域排序为东部＞中部＞西部，粮食主产区＞非粮食主产区。其中，对于东中部的直接效应大于西部地区这一结果，可能的原因是，农业绿色技术进步活动的前提是投入资本，推广和使用新技术必然要进行固定资产投资，也就是说，绿色技术的使用依托于资本（赵军等，2020）。东中部地区是全国经济发展水平较高的地区，其资本水平远高于西部地区，资本对农业绿色技术进步的渗透更强，碳减排效应就更强。提高经济发展水平是中国农业绿色技术进步碳减排的重要手段。对于粮食主产区的直接效应大于非粮食主产区这一结果。可能的原因是，粮食主产区作为粮食生产的主产区，各农业主体进行绿色技术创新和应用各种新技术的意愿更加强烈，可以直接减少农业物资的消耗，增加了农业碳排放的力度。

2. 不同类型农业绿色技术进步的直接效应实证结果与分析

全国的资源节约型农业绿色技术进步（AEGTP）和环境友好型农业绿色技术进步（ACGTP）对碳排放强度的直接效应回归系数分别为－0.079和－0.325，且在统计上均显著。环境友好型农业绿色技术进步（ACGTP）的直接效应显著大于资源节约型农业绿色技术进步（AEGTP）。可能的原因是，资源节约型农业绿色技术进步是以提高农用资源利用效率、减少农用资源消耗为目的的新的或改进的产品、生产工艺、技术。然而，环境友好型农业绿色技术进步（ACGTP）则是以减少污染量、制止浪费等手段达到环境保护目的的新的或改进的产品、生产工艺、技术，并且在某种程度上还可以无意识地实现资源节约的目的，其更容易接近"技术前沿"，所以直接效应就更高。

东、中、西部和粮食、非粮食主产区的资源节约型农业绿色技术进步（AEGTP）对碳排放强度的直接效应回归系数分别为-0.115、-0.056、-0.102和-0.123、-0.047，除中部地区外，其余地区在统计上均显著。同时，资源节约型农业绿色技术进步（AEGTP）直接效应的区域排序为东部>西部，粮食主产区>非粮食主产区，中部不显著。东部地区农业经济水平较高，具有较高的"绿色激励"。在较高的经济激励下，各农业主体进行资源节约技术创新和应用新技术的意愿更加强烈，由此提升了农业生产效率，减少了农业物资的消耗，遏制了农业碳排放的增加幅度。西部地区资源节约型农业绿色技术进步碳减排的直接效应比中部地区显著的原因可能是，西部地区的经济和自然资源禀赋条件较差，果蔬、茶叶等经济作物种植较少，存在农地投入产出激励不足的问题。同时，作物多以小麦、玉米等资源消耗较少的粮食作物为主，存在靠天吃饭、土地撂荒等问题。这节约了资源，形成了资源节约型农业绿色技术进步的直接效应较强的现象。

东、中、西部和粮食、非粮食主产区的环境友好型农业绿色技术进步（ACGTP）对碳排放强度的直接效应回归系数分别为-0.694、-0.540、-0.108和-0.255、-0.328。环境友好型农业绿色技术进步（ACGTP）的区域排序为东部>中部>西部，粮食主产区的直接效应不显著。现行的粮食支持政策尚不能稳固中国农业生产基础（郭天宝等，2021）。如何保护粮食保护区更有助于稳固中国商品粮基地建设，进一步保障中国粮食质量数量"双安全"是粮食主产区的第一要务。

最后，与全样本一样，东、中、西部和粮食、非粮食主产区的环境友好型农业绿色技术进步（ACGTP）的均大于资源节约型农业绿色技术进步（AEGTP）。这证明了环境友好型农业绿色技术进步（ACGTP）较之资源节约型农业绿色技术进步（AEGTP）的减排效果明显。在未来，我们应该大力发展资源节约型农业绿色技术，但也不要忽视对环境友好型农业绿色技术进步的支持。

（三）农业要素投入结构的中介作用及区域异质性分析

根据式（5-5）和（5-6），本章分别对农业绿色技术进步及其不同类型对碳排放强度的影响通过农业要素投入结构的中介效应进行计算。因篇幅所限，同时为更好呈现效果，本章直接展示结果在表5-6中（其中，全样本模型具体结果见表5-5，分地区模型具体结果见附表1~附表5）。

1. 绿色技术进步中介效应的实证结果与分析

全国层面的农业绿色技术进步（AGTP）经由农业要素投入结构（ES）的中介效应为-0.060①，且在1%的水平上显著。这意味着，农业绿色技术进步（AGTP）通过优化农业要素投入结构（ES）对碳排放强度产生负向影响，农业绿色技术进步（AGTP）每增加1%，通过该途径会促使碳排放强度减少0.060单位。

分地区看，东、中、西部地区的农业绿色技术进步（AGTP）经由农业要素投入结构（ES）的中介效应分别为-0.306［（-0.892）×0.343］、0.077［（-0.574）×-0.134］、0.147［（-0.550）×-0.267］。同时，粮食主产区和非粮食主产区的农业绿色技术进步（AGTP）经由农业要素投入结构（ES）的路径中，仅非粮食主产区的中介效应显著为负。需要注意的是，仅中部地区的农业绿色技术进步（AGTP）对农业要素投入结构（ES）的中介效应显著为正。可能的原因有两方面：一方面是边际报酬递减规律呈先增后减发展趋势。种植业具有"高要素投入"特征，中部地区种植业占比高，是农业要素消耗的主要地区。当前中部地区处于非清洁要素投入量占比较高的阶段，短期内会出现非清洁要素投入的增加，出现边际报酬递增状态，对碳排放具有正向效应。但是农业绿色技术进步通过要素投入结构路径必然会实现碳排放强度降低。长期来看，农业绿色技术进步会出现要素投入清洁化调整，从而降低地区的碳排放强度，实现污染物减排。另一方面是回弹效应。农户和企业进行农业绿色技术和环境友好型农业绿色技术创新，实现了清洁要素替代非清洁要素后，弥补了农业生产高成本的不足并调整了农

---

① 表5-3中模型（3）农业绿色技术进步（AGTP）的系数（-0.669）与模型（4）中农业要素效率提升效应（EE）的系数（0.090）的乘积。本章后续绿色技术进步经由农业要素投入结构（ES）中介路径对碳排放强度产生影响的计算步骤与此相同。

业产业结构，但技术进步和结构调整也会促进经济的快速增长，从而对能源产生新的需求，部分抵消了所节约的能源（李强等，2014），产生了回弹效应。加之，中部地区作为种植业主要区域，更容易出现碳排放的回弹效应。

2. 不同类型农业绿色技术进步的实证结果与分析

全国层面的资源节约型农业绿色技术进步（AEGTP）通过农业要素投入结构（ES）的中介效应不显著。东部、中部和西部地区的资源节约型农业绿色技术进步（AEGTP）经由农业要素投入结构（ES）的中介效应分别显著为负、显著为正以及不显著。粮食主产区和非粮食主产区资源节约型农业绿色技术进步（AEGTP）通过农业要素投入结构（ES）的中介效应分别为不显著和显著为负，非粮食主产区的中介效应显著性更强。全国层面的环境友好型农业绿色技术进步（ACGTP）通过农业要素投入结构（ES）的中介效应显著为负，东部和西部地区环境友好型农业绿色技术进步（ACGTP）通过农业要素投入结构（ES）的中介效应也分别显著为负以及不显著。

可以看出，农业绿色技术进步（AGTP）、资源节约型农业绿色技术进步（AEGTP）和环境友好型农业绿色技术进步（ACGTP）通过农业要素投入结构（ES）路径的中介效应基本一致。这充分说明了各个地区不同类型农业绿色技术进步通过农业要素投入结构（ES）路径的影响机理是一致的。

（四）农业要素投入效率的中介作用及区域异质性分析

根据式（5-4）和式（5-6），本章分别对农业绿色技术进步及其不同类型通过农业要素投入效率的中介效应进行计算。因篇幅所限，同时为更好呈现效果，本章直接展示结果在表5-6中（其中，全样本模型具体结果见表5-5，分地区模型具体结果见附表1～附表5）。

1. 绿色技术进步中介效应的实证结果与分析

全国层面下的农业绿色技术进步（AGTP）经由农业要素投入效率（EE）的中介效应为-0.020[①]，且该效应在10%的水平上显著。这意味着农业绿色技术进步（AGTP）通过农业要素投入效率（EE）这一途径对碳排放强度产生了负向影响，农业绿色技术进步（AGTP）每提升一个百分点，通过农业

---

① 表5-4中的模型（2）农业绿色技术进步（AGTP）的系数（0.321）与模型（4）中农业要素效率提升效应（EE）的系数（-0.063）的乘积，本章后续绿色技术进步经由农业要素效率提升效应（EE）中介路径对碳排放强度产生影响的计算步骤与此相同。

要素投入效率的途径会随之实现碳减排。绿色技术进步对农业要素投入效率有影响，主要通过降低单位产出的非清洁要素使用量来影响要素投入效率，有效减少碳排放强度（王班班，2014；Acemoglu，2012），这与预期基本一致。

分区域来看，东部、中部和西部地区农业绿色技术进步（AGTP）经由农业要素投入效率（EE）的中介效应分别为-0.003 [0.763×（-0.004）]、0.030 [（-0.198）×（-0.149）] 和-0.137 [0.244×（-0.563）]。粮食主产区和非粮食主产区的农业绿色技术进步（AGTP）经由农业要素投入效率（EE）的中介效应分别为-0.009 [0.047×（-0.190）] 和-0.011 [0.280×（-0.039）]。从中介效应看，东、西部地区和粮食主产区、非粮食主产区的绿色技术进步经由非清洁要素投入效率对碳排放强度具有抑制作用；中部地区的具有提升作用，具有特殊性。然而，以上结果在统计学上均不显著。对于上述结果，可能是由于农业绿色技术进步水平整体虽然提升，但是不显著。特别是，以市场为基础的资源配置效率较高的东部地区，不断增加绿色技术研发投入费用，农业生产加工技术较为成熟，农业绿色技术进步的效率已经达到一定的水平，所以农业绿色技术进步对要素投入效率的提升影响已经处于一定的高水平，所以存在不显著的可能性。与此同时，西部地区技术研发的投入费用较少，农业绿色生产技术也不成熟，要素投入效率有待进一步提高。而中部地区通过要素投入效率提升碳排放强度。可能是规模报酬递减规律呈先增后减发展趋势。中部地区当前处于非清洁要素投入量占比较高的阶段，短期内还会出现非清洁要素投入的增加，对碳排放强度具有正向效应。因此，尽快实现绿色技术进步下的要素投入清洁化调整，从而降低地区的碳排放强度，实现污染物减排是中部地区未来发展的关键。

2. 不同类型农业绿色技术进步的实证结果与分析

全国层面的资源节约型农业绿色技术进步（AEGTP）通过农业要素投入效率（EE）的中介效应为0.036 [（-0.291）×（-0.125）]，显著为正。分地区看，东西部地区的资源节约型农业绿色技术进步（AEGTP）经由农业要素投入效率（EE）的中介效应均不显著，这是因为东西部地区农业绿色技术进步经由农业要素投入效率（EE）的效应不显著；中部地区则是直接效应不显著，所以中介效应也不显著，即资源节约型农业绿色技术进步经由农业要素投入效率（EE）的中介效应均不显著。这与资源节约型农业绿色技术进步（AEGTP）的回弹效应高于其他类型的绿色技术进步相关。在资源节约型农业绿色技术进步（AEGTP）导致的回弹效应中，很可能"扩张能源消费、降低能源效率"的作用等于"降低能源消费、提升能源效率"的影响（赵楠等，2013），导致其不显著。西部地区是非发达地区，生产加工技术不成熟，所以对农业非清洁要素投入效率影响不显著。

全国层面的环境友好型农业绿色技术进步（ACGTP）通过农业要素投入效率（EE）的中介效应也显著为正。中部地区环境友好型农业绿色技术进步（ACGTP）通过农业要素投入效率（EE）的中介效应也是正向的，且中部地区的农业绿色技术进步的提升效果不明显，所以农业能源效率提升不显著。可能的原因是，技术进步通过提高要素的边际生产率或者不同比例地改变要素的投入和使用效率来提高能源效率。然而，东部和西部地区的环境友好型农业绿色技术进步（ACGTP）经由农业要素投入效率（EE）显著为负。这说明在资源环境承载能力较弱并作为国家限制开发区的西部地区，在农业生态环境治理方面的成效显著。与此同时，非粮食主产区对环境友好型农业绿色技术进步（ACGTP）经由农业要素投入效率（EE）的中介效应显著为正。可能的解释是，非粮食主产区的经济作物占比高于粮食作物占比，农产品品种结构不合理，优质农产品比例不合理，而蔬菜等经济作物的消耗也增加了要素投入的消耗（孙媛媛，2014）。

此外，资源节约型农业绿色技术进步（AEGTP）通过农业要素投入效率的中介效应系数小于环境友好型农业绿色技术进步（ACGTP）的。可能的原因是，资源节约型农业绿色技术进步是提高农用资源利用效率、减少农用资源消耗的新的或改进的产品、生产工艺、技术等；而环境友好型农业绿色技术进步则是以减少污染量、制止浪费作为主要目的，其包含了部分资源节约型农业绿色技术进步。因此，环境友好型农业绿色技术进步更接近"技术前沿"，对能源效率的影响就更显著。

（五）农业要素投入结构与效率联动的中介作用及区域异质性分析

根据式（5-3）、式（5-4）和式（5-6），本章分别对农业绿色技术进步及其不同类型通过农业要素投入结构和农业非清洁要素投入效率影响碳排放强度的中介效应进行计算。因篇幅所限，本书直接展示结果在表5-6中（其中，全样本模型具体结果见表5-5，分地区模型具体结果见附表1~附表5）。

表5-6 农业绿色技术进步对碳排放强度的全样本及分区域中介效应分析

变量	区域	直接效应	特定路径的中介效应		
			ES	EE	ES×EE
AGTP	全样本	-0.396***	-0.060*** -0.669***×0.090***	-0.020* 0.321*×(-0.063)**	-0.012** -0.669***×(-0.286)***×(-0.063)**
	东部	-0.674	-0.306** -0.892**×0.343*	-0.003 0.763**×-0.004	0.001
	中部	-0.518***	0.077*	0.030	-0.091
	西部	-0.327*	0.147 -0.574***×(-0.134)*	-0.137 -0.198×(-0.149)***	-0.157 -0.574***×(-1.065)×(-0.149)***
	粮食主产区	-0.457***	-0.170 -0.550×(-0.267)***	-0.009 0.244×(-0.563)***	-0.071 -0.550×(-0.506)***×(-0.563)***
	非粮食主产区	-0.344**	-0.052** -0.714***×0.024	-0.011 0.047×(-0.190)***	-0.006 -0.714***×(-0.523)×(-0.190)***
AEGTP	全样本	-0.079***	-0.010 -0.651***×0.079**	0.036*** 0.280×(-0.039)	-0.013 -0.651***×(-0.232)***×(-0.039)
	东部	-0.115***	-0.037** -0.250***×0.037	0.022 -0.291***×(-0.125)***	-0.001 -0.250***×(-0.426)***×(-0.125)***
	中部	-0.056	0.059*** -0.261***×0.141***	0.097 -0.308×(-0.073)	-0.065 -0.261***×(-0.026)×(-0.073)
	西部	-0.102**	0.022 -0.215***×(-0.276)***	-0.003 -0.414***×(-0.235)***	-0.025 -0.215***×(-1.286)***×(-0.235)***
	粮食主产区	-0.123***	0.017 -0.085×(-0.260)***	0.026 0.005×(-0.570)***	-0.045 -0.085×(-0.511)***×(-0.570)***
	非粮食主产区	-0.047**	-0.011* -0.201***×0.055*	0.029*** -0.343×(-0.084)	-0.006 -0.201***×(-0.345)×(-0.084)**

（续）

变量	区域	直接效应	特定路径的中介效应		
			ES	EE	ES×EE
ACGTP	全样本	-0.325***	-0.048*** / -0.649***×0.073***	0.037*** / -0.448***×(-0.084)***	-0.017*** / -0.649***×(-0.321)***×(-0.084)***
	东部	-0.694***	-0.536** / -0.444***×1.208**	-0.143** / -0.285***×0.500***	-0.022* / -0.444***×0.103*×0.500***
	中部	-0.540*	0.111 / -0.925***×(-0.120)	0.043 / -0.295×(-0.147)***	-0.145*** / -0.925***×(-1.064)***×(-0.147)***
	西部	-0.108***	0.368 / -1.421×(-0.259)***	-0.911*** / 1.678×(-0.543)***	-0.383 / -1.421×(-0.497)***×(-0.543)***
	粮食主产区	-0.255	-0.06 / -1.512×0.039	-0.051 / 0.266×(-0.192)***	-0.148*** / -1.512***×(-0.509)***×(-0.192)***
	非粮食主产区	-0.328***	-0.030** / -0.529***×0.058*	0.036** / -0.526***×(-0.069)***	-0.010** / -0.529×(-0.270)***×(-0.069)***

注：***、**和*分别表示在1%、5%和10%的水平上显著；本部分显著性内容与博士论文略有差异，以本书为准。

1. 绿色技术进步中介效应的实证结果与分析

全样本下农业绿色技术进步（AGTP）经由农业要素投入结构（ES）、农业要素投入效率（EE）的链式中介效应为－0.012［（－0.669）×（－0.286）×（－0.063）］，且在5％的水平上显著，意味着农业绿色技术进步（AGTP）通过农业要素投入结构（ES）与农业要素投入效率（EE）联动优化的途径对碳排放强度产生抑制作用。农业绿色技术进步（AGTP）通过该链式中介效应抑制碳排放强度提升。这与预期和数理分析结果基本一致。

分区域看，东部、西部地区的农业绿色技术进步（AGTP）经由农业要素投入结构（ES）和农业要素投入效率（EE）的联动路径的中介效应均不显著。中部地区的农业绿色技术进步（AGTP）经由农业要素投入结构（ES）和农业要素投入效率（EE）的联动路径的中介效应为－0.091［（－0.574）×（－1.065）×（－0.149）］，在1％的统计水平上显著。粮食主产区的农业绿色技术进步（AGTP）在农业要素投入结构（ES）和农业要素投入效率（EE）的联动路径的中介效应为－0.071［（－0.714）×（－0.523）×（－0.190）］，且在5％的统计水平上显著。这与预期和数理分析结果基本一致。

2. 不同类型农业绿色技术进步的实证结果与分析

全国层面资源节约型农业绿色技术进步（AEGTP）通过农业要素投入效率（EE）与农业要素投入结构（ES）联动的中介效应系数为－0.013［（－0.250）×（－0.426）×（－0.125）］，且在1％的统计水平上显著。东部和西部地区的资源节约型农业绿色技术进步（AEGTP）经由农业要素投入结构（ES）和农业要素投入效率（EE）的联动路径的中介效应分别为－0.001［（－0.261）×（－0.026）×（－0.073）］和－0.025［（－0.085）×（－0.511）×（－0.570）］，在统计水平上均不显著。中部地区的资源节约型农业绿色技术进步（AEGTP）在农业要素投入结构（ES）和农业要素投入效率（EE）的联动路径上的中介效应为－0.065［（－0.215）×（－1.286）×（－0.235）］，且在1％的统计水平上显著。可能的原因与前文一致，资源节约型农业绿色技术进步（AEGTP）提升了种植业非清洁要素的投入量后，农户和企业进行技术创新以弥补高成本的后果和调整农业产业结构，但技术进步和结构调整也会促进经济的快速增长，从而对能源产生新的需求，部分抵消了所节约的能源（李强等，2014），所以不显著。粮食主产区和非粮食主产区的资源节约型农业绿色技术进步（AEGTP）经由农业要素投入结构（ES）和农业要素投入效率（EE）的联动路径的中介效应分别为－0.045［（－0.335）×（－0.593）×（－0.228）］和－0.006［（－0.201）×（－0.345）×（－0.084）］。对粮食主产区影响显著大于非粮食主产区。可能的原因与前文一样，非粮食主产区经济作物占比高于粮食作物占比，资源的需求更大。环境友好型农业绿色技术进步（ACGTP）与资源节约型农业绿色技术进步（AEGTP）通过农业要素投入效率（EE）与农业要素投入结构（ES）联动的中介效应显著效果基本一致，西部不显著，东中部和粮食、非粮食主产区显著。

综合来看，全国和分区域的中介效应异质性明显。农业绿色技术进步及其不同类型对碳排放强度的直接影响显著为负，中介效应不完全显著且影响系数有正有负，直接效应均大于中介效应。①从直接效应来看，农业绿色技术进步（AGTP）的直接效应区域排名是：东部＞中部＞西部，粮食主产区＞非粮食主产区。资源节约型农业绿色技术进步（AEGTP）直接效应的区域排名是：东部＞西部，粮食主产区＞非粮食主产区，中部不显著。环境友好型农业绿色技术进步（ACGTP）直接效应的区域排名是：东部＞中部＞西部，非粮食主产区＞粮食主产区。农业绿色技术进步及其不同类型的直接效应均显著大于中介效应。②从中介变量的路径来看，中介变量的路径显著性效果排序大多为：农业要素投入结构（ES）路径＞农业要素投入效率（EE）路径＞农业要素投入效率（EE）与农业要素投入结构（ES）的联动路径。中国农业碳排放强度降低主要是农业要素投入结构提高，而农业要素投入效率变化对降低农业碳强度的影响有限。同时，农业绿色技术进步（AGTP）、资源节约型农业绿色技术进步（AEGTP）和环境友好型农业绿色技术进步（ACGTP）通过农业要素投入效率（EE）和农业要素投入结构（ES）路径的中介效应系数大多显著，但因地区差异而有正有负。③此外，直接效应和中介效应的加总可以得到总效应。从总效应上看，环境友好型农业绿色技术进步比资源节约型农业绿色技术进步对碳排放强度的中介效应更显著。不同类型农业绿色技术进步在影响机理上存在差异：农业绿色技术进步及其不同类型通过农业要素投入结构（EE）路径的机理基本一致；然而，因地区差异，农业绿色技术进步及其不同类型通过农业要素投入结构（ES）路径和农业要素投入效率（EE）与农业要素投入结构（ES）联动路径的效应有正有负。

五、本章小结

针对农业绿色技术进步是否会减少碳排放强度，以及通过何种路径作用于碳排放强度，本章构造了动态面板模型 GMM 分析农业绿色技术进步对碳排放强度的影响。然后，利用中介效应模型，对农业绿色技术进步对碳排放强度的作用路径进行实证检验，并区分了东、中、西部三大地区和粮食主产区、非粮食主产区。主要得出如下结论：

（1）在全样本动态面板模型 GMM 估计下，农业绿色技术进步及其不同类型均有效抑制了碳排放强度上升。同时，碳排放强度（CI）存在明显的时间滞后效应。分地区角度看，农业绿色技术进步各地区的区域排序是：东部＞中部＞西部，粮食主产区＞非粮食主产区。在三大经济分区中，仅东部的资源节约型农业绿色技术进步（AEGTP）和西部的环境友好型农业绿色技术进步（ACGTP）对碳排放强度的影响均显著为负。中部地区的不同类型农业绿色技术进步对碳排放强度均不显著。在两大粮食分区中，粮食主产区的农业绿色技术进步及其不同类型对农业碳排放强度均完全显著。从类型角度看，动态面板模型 GMM 下的环境友好型农业绿色技术进步（ACGTP）对碳排放的负向效果显著高于资源节约型农业绿色技术进步（AEGTP）。

（2）从作用机理看，全国和分地区的农业绿色技术进步及其不同类型对碳排放强度的直接效应为负但不完全显著，中介效应不完全显著且影响系数有正有负，中介路径显著性效果排序大致为：农业要素投入结构（ES）路径＞农业要素投入效率（EE）路径＞农业要素投入结构（ES）与农业要素投入效率（EE）联动路径，且直接效应均大于中介效应。中国农业碳排放强度降低主要是由于要素投入结构性变化，要素投入效率提高对降低农业能源强度的影响有限。不同类型农业绿色技术进步通过农业要素投入结构（ES）路径的机理是一致的，而不同类型农业绿色技术进步通过农业要素投入效率（EE）路径的机理是不一致的。

分地区来看，在直接效应角度下，各地区农业绿色技术进步及其不同类型对碳排放影响的直接效应不完全显著，区域排序是东部＞中部＞西部，粮食主产区＞非粮食主产区。中部的资源节约型农业绿色技术进步（AEGTP）和粮食主产区的环境友好型农业绿色技术进步（ACGTP）的直接效应不显著。在中介效应角度下，中介效应不完全显著，且东部地区农业绿色技术进步及其不同类型通过农业要素投入结构（ES）对碳排放强度的抑制作用显著高于中西部。中部的农业绿色技术进步及其不同类型通过农业要素投入效率（EE）与农业要素投入结构（ES）联动路径对碳排放强度的抑制效果高于东西部。非粮食主产区通过农业要素投入效率（EE）和农业要素投入结构（ES）对碳排放强度的抑制作用比粮食主产区更显著。

分类型来看，环境友好型农业绿色技术进步（ACGTP）的直接效应、中介效应和总效应均显著大于资源节约型农业绿色技术进步（AEGTP）。农业绿色技术进步及其不同类型通过农业要素投入效率（EE）、农业要素投入结构（ES）路径和农业要素投入效率（EE）与农业要素投入结构（ES）联动路径的中介效应有正有负。这与地区资源禀赋等差异有关。

第六章 农业绿色技术进步的碳减排效应

一、问题的提出

农业作为中国经济增长的基础和重要支柱，而农业活动产生的 CO_2 排放贡献了 50％的 CH_4、70％的 N_2O 和 28.5％的 CO_2（Zhang 等，2019）。作为减少消费和减排的根本措施，绿色导向的技术进步是促进绿色农业发展的关键选择，以积极应对碳减排计划（Cordo 等，2014；Rebolledo‐Leiva 等，2017；Yan 等，2019）。通过农业绿色技术进步提高资源利用效率是农业低碳发展的重要手段。然而，绿色技术的研究、开发和传播在不同地区通常不会以相同的速度进行（Du 等，2019）。农业绿色技术进步的实际影响可能取决于特定的社会或经济环境（Bonds 和 Downey，2012）。因此，了解人类活动，探究农业绿色技术进步的碳减排效应，准确掌握不同地区碳减排效应的空间关系及其演变规律，并针对不同地区、不同群体以及不同发展阶段下可持续发展的需求与适应能力的差异，指导各地区根据自身碳减排效应特点制定针对性政策。这对于坚持绿色发展，进而实现中国既定的碳减排目标，从而实现"绿水青山就是金山银山"的愿景，具有重要的理论和实践意义。

目前，关于绿色技术进步的碳减排效应的文献在以下几方面仍有待深化：首先，关于农业绿色技术进步与农业碳减排的研究较少，农业绿色技术进步对农业碳减排的影响及其时空异质性仍缺乏文献支撑。其次，农业绿色技术进步的碳减排效应与各影响因素并未纳入统一框架，识别农业绿色技术进步的碳减排效应的影响因素具有现实和理论价值。最后，已有的研究方法不能有效评估各省份农业绿色技术进步的碳减排效应。

针对以上局限性，本章将采用异质性随机前沿模型，建立考虑影响因素异质性和地区差异的碳减排模型和测算指标，以测度和分析中国各个地区农业绿色技术进步的碳减排效应。此外，本章还将分析城镇化水平、行政型环境规制和经济型环境规制等因素对农业绿色技术进步碳减排效应的影响，以期为中国低碳经济发展提供理论参考和数据支撑。

二、模型构建、变量选择与数据说明

（一）模型构建——异质性随机前沿模型

（1）最优碳减排效率。异质性随机前沿模型是既可以分析外生变量对技术无效率均值的影响效应，还可以分析外生变量对技术无效率方差的影响效应的模型（王丽霞等，2017）。为更好地测定在外生变量影响下农业绿色技术进步的碳减排效应，本章参考异质性随机前沿模型构建了农业绿色技术进步下的最优碳减排效率函数：

$$\Delta CE^* = \beta_0 + \beta_1 AG + v_{it} \qquad (6-1)$$

式中，ΔCE^* 表示最优农业碳减排效率；AG 代表农业绿色技术进步（AGTP）和资源节约型农业绿色技术进步（AEGTP）、环境友好型农业绿色技术进步（ACGTP）；β_0 表示截距；β_1 代表农业绿色技术进步的调整系数；v_{it} 表示来自外生变量的冲击。

（2）实际碳减排效率。农业碳减排效率也会受到外生变量 v_{it} 的影响，无法达到农业绿色技术进步的碳排放强度的最优减排效率，因此实际碳减排效率（ΔCE）可以表示为

$$\Delta CE = \beta_0 + \beta_1 AG - F_{it} + v_{it} \qquad (6-2)$$

式中，F_{it} 表示随机因素 v_{it} 未能实现的不利影响。一般假设 $F_{it} = \mu_{it} > 0$，具有单边分布的特征。当 $F_{it} = \mu_{it}$ 时，农业绿色技术进步下的实际碳减排效率（ΔCE）与最优碳减排效率函数（ΔCE^*）之间存在以下关系：

$$\Delta CE = \Delta CE^* - \mu_{it} = \beta_0 + \beta_1 AG - \mu_{it} + v_{it} \qquad (6-3)$$

（3）农业绿色技术进步碳减排效率的影响因素及其阻碍力和不确定性。考虑到数据及各地区农业绿色技术进步的差异，本章对式（6-3）做出如下设定：

$$\begin{cases} \Delta CE = X'_{it} + \varepsilon_{it} \\ \varepsilon_{it} = \upsilon_{it} - \mu_{it} \end{cases} \tag{6-4}$$

式中，$X'_{it} = (1, Te, Di, Dt)'$；$Di$ 和 Dt 为分别是反映个体效应和时间效应的虚拟变量。ε_{it} 由 υ_{it} 和 μ_{it} 两部分组成，其中：υ_{it} 表示随机干扰项，假设其服从正态分布且相互独立，即 $\upsilon_{it} \sim \text{i. i. d. N}(0, \sigma_{it}^{-2})$；$\mu_{it}$ 表示无效率项，即农业内部结构等影响因素未能实现最优化而对农业绿色技术进步碳减排效率造成的不利影响，模型假定 $\mu_{it} > 0$，具有单边分布的特点，假设其服从非负的截断型半正态分布，即 $u_{it} \sim \text{N}+(w_{it}, \sigma_{it}^{-2})$。

在此基础上，参考王丽霞等（2017）对异质性的设定，本书将 μ_{it} 的异质性设定如下：

$$\begin{cases} w_{it} = \exp(b_0 + z'_{it}\delta) \\ \sigma_{it}^{-2} = \exp(b_1 + z'_{it}\gamma) \end{cases} \tag{6-5}$$

式中，b_0 和 b_1 表示常数项。而城镇化水平（City）、农民可支配收入（PIC）、农业技术人员（TEAN）、农业价格政策（PP）、经济型环境规制（EPR）、行政型环境规制（CER）、农业要素投入结构（ES）、农业要素投入效率（EE）等外生变量对农业绿色技术进步碳减排效率的阻碍力（w_{it}）及其不确定性（σ_{it}^{-2}）的影响在这一步就可以得到具体的验证。

基于前文，农业绿色技术进步的碳减排水平都包含随机干扰项（υ_i），而随机干扰项是外部影响因素所引致的。将随机干扰项（υ_i）剔除后可以达到农业绿色技术进步的农业减排的最优值（$X_i\beta$），而除去随机干扰项后农业绿色技术进步碳减排的实际值为 $X_i\beta - \mu_i$，将农业绿色技术进步的碳减排水平的实际值与最优值相比，就可以得到农业绿色技术进步农业减排效率（ΔCE^*），定义如下：

$$\Delta CE^* = 1 - E \frac{\exp(X_i\beta - \mu_i)}{\exp(X_i\beta)} = 1 - \exp\mu_i \tag{6-6}$$

显然，农业绿色技术进步农业碳减排水平的实际值（ΔCE^*）介于 0 和 1 之间。当 ΔCE^* 趋近于 1 时，说明城镇化水平（City）、农民可支配收入（PIC）、农业技术人员（TEAN）、农业价格政策（PP）、经济型环境规制（EPR）、行政型环境规制（CER）、农业要素投入结构（ES）、农业要素投入效率（EE）等影响因素对农业绿色技术进步碳减排效率的阻碍作用达到了最大化。反之，如果 ΔCE^* 趋近于 0，则说明城镇化水平（City）、农民可支配收入（PIC）、农业技术人员（TEAN）、农业价格政策（PP）、经济型环境规制（EPR）、行政型环境规制（CER）、农业要素投入结构（ES）、农业要素投入效率（EE）等影响因素对农业碳排放强度减排效率的阻碍作用实现了最小化。

（二）变量选择与数据说明

本书所测度的农业碳总量减排值是根据农业碳强度减排效率计算得到的，而农业碳强度减排效率建立在异质性随机前沿模型基础上。在该模型中，碳强度减排值是主要的被解释变量，农业绿色技术进步是引起碳减排的主要解释变量。同时，借助以往研究（杨莉莎等，2019；李志国等，2010；张传慧，2020；Deng Yue 等，2021）以及充分考虑数据的可获取性，纳入城镇化水平（City）、农民可支配收入（PIC）、农业技术人员（TEAN）、农业价格政策（PP）、经济型环境规制（EPR）、行政型环境规制（CER）、农业要素投入结构（ES）、农业要素投入效率（EE）等指标作为影响因素变量。

1. 被解释变量

在绿色技术进步中，选取的是农业碳排放强度减排值（CE）为被解释变量，其计算方法为当期农业碳排放强度与前一期农业碳排放强度的差值，该差值为正值即表示当期的农业碳排放强度上升，碳减排水平降低；该差值为负值即表示当期的农业碳排放强度下降，碳减排水平增加。因此，绿色技术进步碳减排模型即表 6-5 的模型（1）～（3）中采用农业碳排放强度减排值差距作为被解释变量，可以更好地衡量碳排放强度下降的效率，更好地衡量农业碳减排的效应。此外，因资源节约型农业绿色技术进步（AEGTP）和环境友好型农业绿色技术进步（ACGTP）中的碳减排指数过低（均低于0.1）。为更好地进行时空演进分析，在表 6-5 的模型（4）～（9）中，本章采用碳排放强度作为被解释变量。具体解释如下：以碳排放强度作为被解释变量，代表的是农业绿色技术进步对碳排放强度的影响效应，影响效应值越大，碳减排或增排值越大。当影响系数显著为负时，模型得到的影响效率代表减排效应；当影响系数显著为正时，模型得到的影响效率代表增排效应。而前文第四、五章的系数为负，可以说明是减排效应。这也说明，碳排放强度指标可以代表农业碳减排效应。

2. 解释变量

农业绿色技术进步（AGTP）主要采用 EBM - GML 模型进行测度，具体测算模型见第三章。同时，本章选取绿色节水灌溉技术采用率和免耕技术采用率分别作为资源节约型农业绿色技术进步（ACGTP）和环境友好型农业绿色技术进步（ACGTP）的替代指标。具体内容见第三章。

3. 影响因素变量

在多重共线性检验的基础上，本章选择的影响因素主要包括城镇化水平（City）、农民可支配收入（PIC）、农业技术人员（TEAN）、农业价格政策（PP）、经济型环境规制（EPR）、行政型环境规制（CER）、农业要素投入结构（ES）、农业要素投入效率（EE）等变量。各变量的概念与取值和前文三、四、五章一致。此外，为更好地减少模型的误差项和消除数据的非平稳性，本章对数值型数据均进行对数处理，其余百分比数据均使用原始值。具体描述性统计结果见表6-1。

表 6 - 1　描述性统计分析

变量	平均值	标准差	最小值	最大值
AGTP	1.037	0.156	0.602	1.951
AEGTP	0.224	0.237	0.014	2.394
ACGTP	0.065	0.112	0.000	0.639
CI	264.529	103.442	55.109	626.468
CE	−10.617	24.090	−84.293	100.775
City	0.397	0.125	0.141	0.668
PGDP	1.241	1.000	0.171	4.824
PIC	3 641.290	1 984.272	1 374.160	9 299.849
TEAN	25 041.390	12 569.280	5 680.000	49 667.000
PP	1.022	0.065	0.879	1.315
EPR	6.354	3.598	0.904	17.804
CER	31.233	50.862	0.000	235.000
ES	0.029	0.021	0.004	0.087
EE	3.668	2.041	0.979	8.536
PS	0.636	0.106	0.357	0.839

三、模型检验结果

本章将农业绿色技术进步碳减排效应定义为农业绿色技术进步的碳减排效率，主要通过异质性随机前沿模型进行测算。

根据前文研究，城镇化水平（City）、农民可支配收入（PIC）、农业技术人员（TEAN）、农业价格政策（PP）、经济型环境规制（EPR）、行政型环境规制（CER）、农业要素投入结构（ES）、农业要素投入效率（EE）等指标作为控制变量在农业绿色技术进步对碳排放强度的影响中效应多是显著的，因此，这些变量是影响农业绿色技术进步碳减排的重要因素。同时，农业绿色技术进步的"双重外部性"特征造成对其研发的有效投资严重不足，并通过市场机制表现为"双重市场失效"（钱娟，2018）。单纯通过市场机制去推动农业绿色技术创新、推广和应用是不够的，需政府制定相关的政策推动。因此，对农业绿色技术进步的影响因素值得深入研究。

表6-5列示了多种模型设定下农业绿色技术进步及其不同类型碳减排效应的各影响因素的估计结果。其中，第（1）～（3）列表示农业绿色技术进步（AGTP）碳减排效应的各影响因素的估计结果。其中，模型1表示未施加任何约束。模型2表示城镇化水平（City）等因素对农业绿色技术进步的碳减排效应没有影响，即无效率期望值为0。模型3是不加入任何控制外生变量，即不存在无效率部分。以此类推，第（4）～（6）列表示资源节约型农业绿色技术进步（AEGTP）对碳排放强度的各影响因素的估计结果，第（7）～（9）列表示环境友好型农业绿色技术进步（ACGTP）对碳排放强度的各影响因素的估计结果，其约束条件分别与第（1）～（3）列同等一致。从表6-5结果可以看出，农业绿色技术进步（AEGTP）、资源节约型农业绿色技术进步（AEGTP）和环境友好型农业绿色技术进步（ACGTP）设定的3个模型中，LR_1和LR_2的检验结果表明模型1要优于模型2和模型3其他2个模型。因此，表6-5中各模型1均通过了检验，并分别被选择为农业绿色技术进步（AGTP）、资源节约型农业绿色技术进步（AEGTP）和环境友好型农业绿色技术进步（ACGTP）对碳排放强度估计的基础模型。

从表6-5可以看出，农业绿色技术进步（AGTP）、资源节约型农业绿色技术进步（AEGTP）和环境友好型农业绿色技术进步（ACGTP）的碳排放效应显著为负，即随着农业绿色技术进步水平的增加，碳排放就会减少。这说明了绿色技术进步碳减排的稳健性。分类型看，环境友好型农业绿色技术进步（ACGTP）的碳减排效应比资源节约型农业绿色技术进步（AE-GTP）显著性更强，这与前文结果基本一致。

四、农业绿色技术进步碳减排效应的时空演进

（一）农业绿色技术进步碳减排效应的时间演进

根据式（6-6），本章测算得到了农业绿色技术进步（AGTP）和资源节约型农业绿色技术进步（AEGTP）、环境友好型农业绿色技术进步（ACGTP）的碳减排效应。同时，考虑到中国三大经济区域和两大粮食分区等在经济发展和资源禀赋等方面的可能差异，本章分区域对三者进行了统计分析，具体见图6-1、图6-2和图6-3。

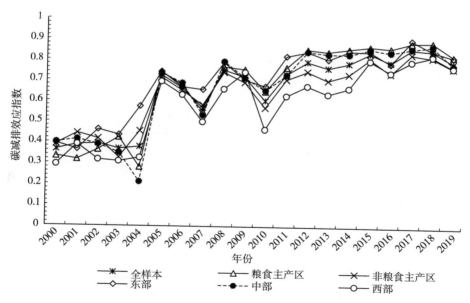

图6-1　2000—2019年农业绿色技术进步（AGTP）的碳减排效应

分时间来看，2000—2019年间，农业绿色技术进步（AGTP）的碳减排效应指数基本在0.4～0.9，且基本呈增大趋势。这表明中国的农业绿色技术进步是有效的。各地区农业绿色技术进步的碳减排效应的增长变动趋势

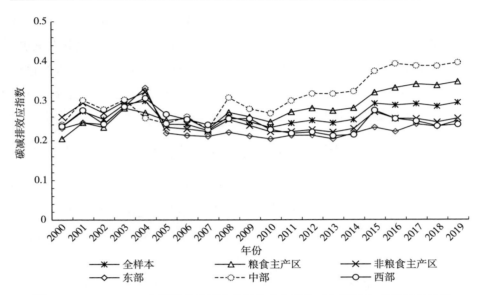

图 6-2 2000—2019 年资源节约型农业绿色技术进步（AEGTP）的碳减排效应

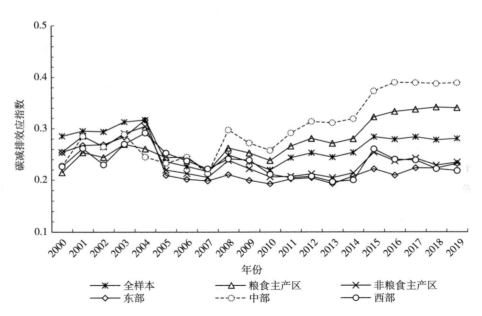

图 6-3 2000—2019 年环境友好型农业绿色技术进步（ACGTP）的碳减排效应

基本一致，并以 2004 年和 2010 年为节点，农业绿色技术进步的碳减排效应变化呈现"慢—快—慢"阶段性趋势。其中，2000—2003 年以前农业绿色技术进步（AGTP）的碳减排效应增长缓慢。可能的原因是，2000—2003

年属于单纯的农业经济扩张时期，农药和农膜过度使用以及不合理的废弃物处理方式，使得农地碳排放污染有所改观，但效果不显著。2004—2009年的农业绿色技术进步碳减排效应指数变化则呈高速上升趋势。可能的原因是，农业绿色技术不断提升优化。一方面，该时期属于经济发展且与城乡融合加速推进阶段，农村富余劳动力进入城市，加之农业科学研究的增加，提高了农业生产效率，驱动了农业经济快速发展，但市场的驱动力不足，农户愿意采纳绿色技术主要是为实现自给自足，总体表现为农业绿色技术进步。另一方面，2004—2009年外部市场需求增加，中国农业科研者不断研发和推广节约型和环境友好型的农业技术。例如，减少农业废弃物生成、增加农村清洁能源和可再生能源、增加农业废弃物资源化利用、注重水土保持等农业技术等。2010—2018年农业绿色技术进步增长缓慢，主要是由于农业资本深化问题凸显，导致农业绿色投资效率下降和要素配置扭曲，抑制了绿色技术进一步的提升，进而不利于绿色技术进步的碳减排。

　　分类型看，环境友好型农业绿色技术进步（ACGTP）比资源节约型农业绿色技术进步（AEGTP）的碳减排效应更高。不同类型农业绿色技术进步的发展趋势基本一致，均在2000—2004年保持平稳，并在2005年急速下降后保持平稳状态，并在2015年后呈上升趋势，呈"保持稳定—急速下降—稳步上升"的状态。此外，除中部和粮食主产区外，资源节约型农业绿色技术进步和环境友好型农业绿色技术进步的碳减排效应并未逐年增加。虽然碳减排效应并未增加，但效应指数大于0，这说明依然是减排的，可能是相关政策的制定与实施中的信息不对称和外部环境因素的干扰所导致的（王丽霞等，2017）。环境友好型农业绿色技术进步（ACGTP）对碳减排的影响效应值整体来看略高于资源节约型农业绿色技术进步（AEGTP），这与第四章结论一致。

（二）农业绿色技术进步碳减排效应的空间演进

　　与此同时，为展现中国农业绿色技术进步的碳减排效应的空间差异，本章按照平均分段，选取2000、2006、2012和2019年对各地农业绿色技术进步进行了展示，具体如表6-2、表6-3、表6-4所示，并结合图6-1、图6-2和图6-3分析。

分区域看，农业绿色技术进步（AGTP）的碳减排效应区域排序：东部＞中部＞西部，粮食主产区＞非粮食主产区。分类型看，资源节约型农业绿色技术进步（AEGTP）的碳减排效应区域排序：中部＞东部＞西部，粮食主产区＞非粮食主产区。环境友好型农业绿色技术进步（ACGTP）的碳减排效应区域排序：东部＞中部＞西部，粮食主产区＞非粮食主产区。从时间趋势看，两大粮食分区的碳减排趋势一致，而东中西部地区两类型绿色技术进步时间趋势存在显著不一致。其中，在 2000—2004 年的东部地区显著大于中西部，2004—2008 年西部地区略高于东中部地区，2008—2019 年则是中部地区略高于东西部地区。农业绿色技术进步（AGTP）与环境友好型农业绿色技术进步（ACGTP）的区域碳减排效应基本一致，只存在一定的区域和时间差异。农业绿色技术进步（AGTP）与资源节约型农业绿色技术进步的区域碳减排效应存在显著的区域。具体分析如下：

第一，西部地区的农业绿色技术进步及其不同类型的碳减排效应最小。首先，近年来，西部地区农业发展尚处于由高投入、高消耗和高污染的发展模式向绿色发展模式转型的关键时期，农业粗放式经营仍未改变，技术进步在农业碳减排上并未发挥其应有优势，加之环境承受力较弱，所以西部地区的碳强度减排值阻力较大，碳强度减排值低于全国水平。其次，目前的技术应用主要以增加农业生产和供给、提升农业生产效率为目的，并未和环境保护、碳减排直接挂钩。技术进步很快，但对促进农业碳减排的作用并不大。未来要积极在农业生产中推行以减少碳排放和环境保护为目的的农业绿色技术，继续推进农业生产结构向绿色发展的原则，从而减少碳排放。

第二，中部地区的农业绿色技术进步（AGTP）和环境友好型农业绿色技术进步（ACGTP）居中。这主要是因为，中部地区作为发展种植业的主要区域，生产依赖农业生产资料的消耗，高投入、高消耗、高污染的粗放型农业生产方式对环境造成了巨大压力，其碳减排优化空间大于东西部地区。然而，近些年来，在国家制定的绿色农业发展战略的指引下，中部地区引导农民减少对于化肥农药的依赖，并对农业生产给予科学指导，发展生物质能产业，农业绿色技术进步也得到了极大的提升，中部地区的绿色农业升级取得了显著的效果，促使绿色发展与农业生态环境质量之间的关系更加协调。

此外，中部地区的资源节约型农业绿色技术进步（AEGTP）的碳减排效应最高，可能的原因是，中部地区为粮食主产区的主要区域，其农资生产消耗显著高于其他地区，减少农资消耗的意愿最强，对科学技术的重视程度也显著增加，加之，中部地区的农业经济条件也较好，从而促进了当地的绿色技术创新发展，进而影响了碳排放。此外，该结果与前文中部地区资源节约型农业绿色技术进步对碳排放的影响效应不显著的结果有出入，主要是本模型的优势是可以得出中国30个省份20年的碳减排效应，可以检验其时空演进趋势。查看模型数据原始结果，2008年前中部地区的碳减排效应低于东部，2008年后才高于东部。这样得出中部农业绿色技术进步的碳减排效应大于东部地区的结论也符合常理。

表 6-2 农业绿色技术进步（AGTP）的碳减排效应分布

地区	2000 年	2006 年	2012 年	2019 年
东部地区				
北京	较低	高	高	中等
天津	低	较低	较高	低
河北	中等	低	较高	较高
上海	较低	较高	中等	较高
江苏	低	较高	高	高
浙江	中等	较高	较高	较高
福建	中等	中等	中等	较高
广东	较高	高	高	高
山东	低	中等	高	较高
海南	高	较低	中等	较高
辽宁	高	中等	高	较高
中部地区				
山西	较低	较高	中等	较低
内蒙古	较高	较高	高	较高
安徽	低	较低	高	中等
江西	较低	中等	高	中等
河南	中等	较低	中等	较低
湖北	较高	较高	较高	中等
湖南	较低	中等	高	低

（续）

地区	2000 年	2006 年	2012 年	2019 年
广西	高	较低	较高	较低
吉林	低	中等	高	较高
黑龙江	较高	高	中等	较高
西部地区				
重庆	低	高	高	中等
四川	低	较高	中等	中等
贵州	中等	较高	较低	较低
云南	高	较低	低	较低
陕西	中等	低	中等	较低
甘肃	中等	中等	中等	较低
青海	低	较低	中等	较低
宁夏	低	较低	较高	中等
新疆	较低	较高	较高	较高

第三，东部地区的农业绿色技术进步（AGTP）和环境友好型农业绿色技术进步（ACGTP）的碳强度减排效应指数最大。近些年来，在绿色发展理念的指导下，东部地区的经济水平高、资本投资效率高、自身研发能力的增加等均提升了绿色生产水平，技术对减排的贡献也在不断增大。逐步发展农业清洁生产技术，大力开发利用新能源和农村的可再生能源，将是未来东部乃至中国农业碳减排的重要战略。但从整体看，东部地区农业要素投入需求大，化肥、农药等要素类消费在一定程度上会加剧农业的碳排放。而这一消费结构一直没有得到根本改善，并表现出化肥、农药等消费量不断增加的状态，尤其是柴油消费量一直增加，这是非常不利于减少农业碳排放的。因此，整个地区的绿色生态效率未能达到最优水平，碳减排效应也未达到最高水平。

表 6-3　资源节约型农业绿色技术进步（AEGTP）的碳减排效应分布

地区	2000 年	2006 年	2012 年	2019 年
东部地区				
北京	较低	低	较低	较低
天津	低	低	较低	较低

（续）

地区	2000 年	2006 年	2012 年	2019 年
河北	高	高	较高	较高
上海	较低	低	较低	中等
江苏	低	中等	较低	较低
浙江	较高	较低	中等	中等
福建	中等	较低	较低	较低
广东	中等	低	较低	较低
山东	中等	中等	中等	中等
海南	较低	较低	较低	较低
辽宁	较低	较低	较低	中等
中部地区				
山西	较高	高	较高	较高
内蒙古	较低	中等	高	较高
安徽	低	较高	较高	较高
江西	中等	中等	中等	中等
河南	中等	中等	高	较高
湖北	中等	中等	中等	中等
湖南	中等	较低	较低	较低
广西	较高	中等	较高	中等
吉林	低	较低	高	高
黑龙江	较低	较低	中等	较低
西部地区				
重庆	低	较低	较低	较低
四川	低	较低	低	低
贵州	较低	较低	较低	低
云南	中等	中等	低	较低
陕西	高	中等	较高	中等
甘肃	中等	中等	中等	中等
青海	低	较高	中等	较低
宁夏	高	较高	高	较高
新疆	较低	较低	中等	较高

从粮食和非粮食两大分区和类型看，粮食主产区的碳减排效应显著高于非粮食主产区。可能的原因是，一方面，由规模报酬规律可知，在粮食种植规模聚集的地区，一定区域耕地面积内集聚的技术、劳动力、资本等生产要素会使得规模报酬递增，增加粮食主产区的碳减排效应；另一方面，在技术水平保持稳定的条件下，农户作为理性的经济人，会基于资源环境的稀缺度进行理性选择，当农户收入水平提高至一定阶段时，自然而然地会加强对绿色粮食及种植环境的关注度，环保意识的增强会促使农户自觉减少化肥、农药等化学品的投入，转而利用农家肥等清洁肥料，从而促进区域农业碳减排效应的提升。从类型角度看，粮食和非粮食两大分区的环境友好型农业绿色技术进步（ACGTP）的碳减排效应均比资源节约型农业绿色技术进步（AEGTP）高，这与前文的研究基本一致。

此外，2000—2009 年有几个省份的农业绿色技术进步碳减排效应为 0，可能的原因是该时期属于经济发展与城乡融合加速推进阶段，引致绿色技术效率下降和要素配置扭曲，农业绿色化技术退步严重。同时，本章模型设置农业绿色技术进步碳减排效应必须大于等于 0，这是模型的一大劣势。本章无法排除绿色技术退步下的碳增排效果的可能性，但是绿色技术进步下的碳减排效应整体上处于上升趋势，就足以证明国家绿色农业政策的成效显著。

表 6-4　环境友好型农业绿色技术进步（ACGTP）的碳减排效应分布

地区	2000 年	2006 年	2012 年	2019 年
东部地区				
北京	较低	低	较低	较低
天津	较低	低	较低	较低
河北	高	高	较高	高
上海	较低	低	较低	中等
江苏	中等	中等	较低	较低
浙江	较高	较低	中等	较高
福建	中等	较低	较低	中等
广东	中等	低	较低	较低
山东	中等	中等	较高	中等
海南	较低	较低	较低	中等
辽宁	中等	较低	较低	中等

（续）

地区	2000 年	2006 年	2012 年	2019 年
中部地区				
山西	较高	较高	较高	高
内蒙古	较低	中等	高	高
安徽	低	较高	较高	高
江西	中等	中等	较高	中等
河南	中等	中等	高	高
湖北	中等	中等	较高	较高
湖南	中等	较低	较低	较低
广西	较高	中等	较高	中等
吉林	低	较低	高	高
黑龙江	较低	较低	中等	较低
西部地区				
重庆	低	较低	较低	较低
四川	低	较低	低	低
贵州	较低	较低	较低	低
云南	中等	中等	低	较低
陕西	高	中等	较高	中等
甘肃	中等	中等	中等	中等
青海	低	较高	中等	较低
宁夏	高	较高	高	高
新疆	较低	较低	中等	较高

五、农业绿色技术进步碳减排效应的影响因素分析

农业绿色技术进步的碳减排还会受各因素影响。表 6-5 展示了农业绿色技术进步及其不同类型碳减排的影响因素。整体来看，不同类型农业绿色技术进步的减排效应是确定的，而各影响因素对农业绿色技术进步及其不同类型的碳减排效应作用不一。其中：城镇化水平（City）、农业价格政策（PP）会增加农业绿色技术进步及其不同类型的碳减排效应阻碍力。农民可

支配收入（PIC）、行政型环境规制（CER）会减少农业绿色技术进步及其不同类型的碳减排效应阻碍力。农业技术人员（TEAN）和经济型环境规制（EPR）对农业绿色技术进步及其不同类型的碳减排效应阻碍力因技术类别偏向而略有差异。

（1）城镇化水平（City）。城镇化水平（City）对农业绿色技术进步及其不同类型的均值系数为正，方差系数显著为负，即：城镇化水平（City）会增加农业绿色技术进步及其不同类型的阻碍力，而城镇化水平的提高会减少农业绿色技术进步及其不同类型的碳减排的不确定性。可能的解释是，一方面，虽然在一定程度上城镇化水平的提高可以带动区域农业基础设施的完善，促进人才、资金、技术等要素资本向农业集聚，有利于绿色技术进步，但可能难以超过向化学化、机械化转型的技术发展。特别是，城镇化水平的加快会促使农业需要用更少劳动力、耕地去满足城市更多的粮食需求，迫使农业生产向以化学化、机械化等为代表的现代农业转型（戴小文，2015），不利于农业低碳发展。另一方面，城镇化水平的提高会加快绿色技术向周边传播和应用的速度，为周边农业绿色技术的进步提供了低成本的环境，进而促进农业绿色技术创新水平的整体提升，所以有利于降低碳减排的不确定性。

（2）农民可支配收入（PIC）。农民可支配收入（PIC）削弱了农业绿色技术进步及其不同类型的阻碍力，具有碳减排作用。其本质原因在于农户收入水平的提高改变了农户对生活追求的偏好，从而影响了农户在农业生产过程中的投入行为（刘蒙罢等，2021）。具体的原因可能是：首先，农业经济发展水平越高，农业技术越先进，生产率越高越有利于农业低碳发展模式形成（徐辉等，2020），从而推动区域农业绿色、生态、可持续发展。也有学者认为，农业经济发展水平越高的地区，其农业组织化、市场化程度较高，有助于绿色技术的创新、传播和应用，从而达到绿色技术的碳减排效应（庞丽，2014）。其次，农业经济的增长会改变市场需求，进而改变农产品的消费形式、消费结构等，从而出现农户生产技术的新需求，在传统农业技术创新突破与融合的基础上，提升农业生产要素的边际效率，促进绿色技术的提高（姚延婷，2014），进而促进碳排放。最后，绿色农业科技进步是农业绿色经济增长的主要推动力（吕娜等，2019），农业增长由依靠资源投入转向依靠科技进步，又进一步推动了绿色技术的进步，进而促进碳减排。

表6－5　农业绿色技术进步及其不同类型全样本下的模型估计及检验结果

变量	AGTP			AEGTP			ACGTP		
	(1) 模型1	(2) 模型2	(3) 模型3	(4) 模型1	(5) 模型2	(6) 模型3	(7) 模型1	(8) 模型2	(9) 模型3
	CE	CE	CE	CI	CI	CI	CI	CI	CI
frontier									
AGTP	−0.680* (−1.81)	−0.832** (−2.16)	−0.665* (−1.65)	—	—	—	—	—	—
AEGTP	—	—	—	−0.364** (−2.44)	−0.917*** (−6.87)	−0.579** (−2.49)	—	—	—
ACGTP	—	—	—	—	—	—	−0.587*** (−2.59)	0.658* (1.88)	0.701** (2.05)
cons	0.739* (1.82)	0.969** (2.31)	1.006** (2.29)	0.298 (1.49)	−0.772*** (−5.62)	0.020 6 (0.11)	0.331 (1.60)	−1.137*** (−6.58)	−1.199*** (−8.27)
阻碍力									
City	0.073 (0.16)	—	—	0.475*** (6.38)	—	—	2.700*** (6.34)	—	—
PIC	−0.096 (−0.24)	—	—	−0.154** (−2.10)	—	—	−0.242** (−2.02)	—	—
TEAN	−0.253 (−0.61)	—	—	0.105** (2.27)	—	—	0.138** (2.32)	—	—

（续）

变量	AGTP			AEGTP			ACGTP		
	(1)	(2)	(3)	(4)	(5)	(6)	(7)	(8)	(9)
	模型 1	模型 2	模型 3	模型 1	模型 2	模型 3	模型 1	模型 2	模型 3
	CE	CE	CE	CI	CI	CI	CI	CI	CI
PP	0.681*** (2.58)			0.035 4 (1.06)			0.748 (1.43)		
EPR	0.114 (0.31)			−0.117** (−2.33)			−0.109** (−2.52)		
CER	−1.134 (−1.63)			−0.055* (−1.94)			−0.034 (−1.62)		
ES	−0.060 (−0.22)			0.186*** (5.35)			0.278*** (5.33)		
EE	−0.366 (−0.98)			0.071 (1.57)			0.058 (0.88)		
cons	−1.941 (−1.13)			1.370*** (8.56)			1.267 (1.14)		
不确定性									
$City$	−0.674** (−2.04)	−0.606* (−1.90)	−0.380* (−1.65)	−2.893*** (−4.98)	−1.396 (−1.21)	0.335 (1.50)	−17.03*** (−4.99)	36.02*** (3.18)	38.14*** (3.41)

（续）

变量	AGTP			AEGTP			ACGTP		
	(1) 模型1	(2) 模型2	(3) 模型3	(4) 模型1	(5) 模型2	(6) 模型3	(7) 模型1	(8) 模型2	(9) 模型3
	CE	CE	CE	CI	CI	CI	CI	CI	CI
PIC	-0.384 (-1.30)	-0.551* (-1.89)	-0.452** (-2.08)	1.732*** (3.81)	2.121** (2.16)	-0.001 86 (-0.01)	2.971*** (3.90)	-2.381 (-1.61)	-3.411*** (-2.95)
TEAN	-0.028 4 (-0.10)	-0.253 (-1.06)	-0.174 (-1.04)	-0.541 (-1.64)	-0.638 (-0.83)	-0.094 9 (-0.64)	-0.648 (-1.52)	0.634 (0.88)	0.227 (0.41)
PP	0.229 (1.63)	0.542*** (3.56)	0.398*** (3.43)	-0.269 (-1.52)	-0.140 (-0.39)	0.090 3 (0.91)	-4.144 (-1.49)	12.77* (1.74)	8.781 (1.33)
EPR	-0.364 (-1.57)	-0.157 (-0.69)	-0.146 (-0.85)	2.504*** (5.70)	0.863 (0.84)	0.093 2 (0.67)	2.248*** (5.83)	-0.077 1 (-0.12)	0.313 (0.59)
CER	0.890*** (4.83)	0.366** (2.52)	0.222** (2.25)	0.709*** (3.50)	2.754*** (4.44)	0.056 6 (0.64)	0.555*** (3.70)	0.090 2 (0.40)	0.081 3 (0.36)
ES	-0.205 (-1.04)	-0.284* (-1.74)	-0.146 (-1.18)	-1.898*** (-5.45)	-0.178 (-0.20)	0.149 (1.44)	-3.057*** (-5.66)	2.931** (2.46)	2.750** (2.44)
EE	-0.056 1 (-0.30)	-0.292* (-1.73)	-0.161 (-1.28)	-1.390*** (-4.27)	2.936*** (3.64)	0.179 (1.42)	-2.443*** (-4.51)	2.337** (2.00)	2.018 (1.61)
cons	-0.766*** (-9.04)	-0.712*** (-7.74)	-0.895*** (-10.08)	-1.728*** (-17.01)	-0.959*** (-15.08)	-1.709*** (-14.18)	-1.729*** (-17.44)	-0.925*** (-14.60)	-0.921*** (-14.76)

（续）

变量	AGTP			AEGTP			ACGTP		
	(1) 模型 1	(2) 模型 2	(3) 模型 3	(4) 模型 1	(5) 模型 2	(6) 模型 3	(7) 模型 1	(8) 模型 2	(9) 模型 3
	CE	CE	CE	CI	CI	CI	CI	CI	CI
N	566	566	566	566	566	566	566	566	566
ll	−682.1	−696.2	−705.5	−490.8	−542.8	−576.8	−490.4	−553.0	−553.3
chi2	138.3	129.7	131.8	194.2	633.7	283.6	193.1	394.3	442.0
p	0.000	0.000	0.000	0.000	0.000	0.000	0.000	0.000	0.000
LR_1	46.759	18.657	—	172.041	67.950	—	125.798	—	—
P	0.000	0.000	0.000	0.000	0.000	0.000	0.000	0.000	0.000
LR_2	—	28.102	46.759	—	104.091	172.041	—	125.097	125.798
P	—	0.001	0.000	—	0.000	0.000	—	0.000	0.000

注：括号内的数值是 t 统计值；****、***和*分别表示在1%、5%和10%的水平下显著；LR_1 和 LR_2 分别为相应模型针对模型3和模型1进行似然比检验得到的卡方值。可以看出模型1是最优模型。

（3）农业技术人员（TEAN）。农业技术人员（TEAN）对农业绿色技术进步（AGTP）的碳减排效果具有促进作用，这与预期基本一致。各类农业政策除了要求农业技术人员保证国家粮食安全外，也会对农业技术人员提出生态污染治理、生态恢复建设等建议。在此基础上，农业技术人员会以农业经济的生态化为抓手，采用农机设备研发、创新种质资源、培育作物良种等方式使农业逐步向低能、低排、高效率转型。这些实现都要落实到农业生产行为的绿色化上，这会带动农业生产过程的绿色化，最终降低农业碳排放。然而，可能各农业技术人员的人力资本水平与经济发展要求还不能完全相匹配，所以碳减排效应不显著。与此同时，农业技术人员（TEAN）对资源节约型农业绿色技术进步（AEGTP）和环境友好型农业绿色技术进步（ACGTP）的碳排放具有显著的提升作用。出现这种现象的主要原因可能有两个：一是拥有受教育程度较高的技术者改善了农业生产方式，提高了产出效率，但会带来回弹效应，产生更多的要素生产投入和碳排放。二是现阶段中国农业经济增长方式仍表现出较强的粗放型特征，集约型尚未完成。各地区农业技术人员的人力资本水平与经济发展要求水平不能完全相匹配，相应的绿色技术进步碳排放强度也会出现增长（赵领娣等，2014）。特别是，劳动力要素变得相对低廉，而价格的扭曲破坏了将劳动力资源配置给农业绿色技术进步农户或农业企业的市场化原则，加之传统的生产方式风险较低，因此农户或农业企业严重依赖生产技术和设备，利用低技能劳动力进行粗放式生产，形成了劳动力等有形要素投入的粗放式发展模式的路径依赖，发生了低端锁定效应，进而阻碍农业绿色技术发展（徐辉等，2020）。

（4）农业价格政策（PP）。农业价格政策（PP）增加了农业绿色技术进步及其不同类型碳减排效应的阻碍力，即农业价格政策（PP）提升碳排放效应，不利于农业碳减排。可能的原因是，农业价格政策（PP）通过提高农产品价格，增加了农业生产的经济吸引力，导致农户扩大生产规模，使用更多的资源和化肥等投入品，反而加剧了碳排放。同时，这种政策可能减少了对绿色技术投资的动力，因为短期经济利益更具吸引力，从而阻碍了农业绿色技术进步和有效的碳减排。此外，农资综合补贴即对农业投入品——农药、化肥、农膜的补贴会导致农户生产成本下降和投入要素使用比例发生改变，从而造成农产品市场价格扭曲，以及浪费和不合理利用特定投入品补贴。因此，农业价格政策一定要控制在合理的范围内。

（5）经济型环境规制（EPR）。经济型环境规制（EPR）对绿色技术进步（AGTP）的均值和方差系数分别为 0.114 和 −0.364，即经济型环境规制的增加会增加绿色技术进步碳减排效应阻碍力，但是也会减少绿色技术进步碳减排效应的不确定性，这与鄢哲明等（2019）的研究结果绿色技术进步对产业结构低碳化的积极影响可能被政府的经济干预抵消基本一致。这也证明了前文所说的，要采用适当的经济型环境规制政策才能促使农户或者农业企业增加研发投入和技术创新，最终提高生产效率，减低碳排放，减少波动。与此同时，经济型环境规制（EPR）对不同类型农业绿色技术进步的均值和方差系数分别显著为负和正，即经济型环境规制（EPR）对两类型农业绿色技术进步的碳排放效应显著为负，但会增加两类型农业绿色技术进步的碳减排的波动性。这只能说明，不同类别绿色技术进步的碳减排效应是确定的，但是各影响因素对不同类型农业绿色技术进步的碳减排效应作用不一。在制定经济型环境规制政策时，应该考虑到小的技术类别的特殊性。

（6）行政型环境规制政策（CER）。行政型环境规制政策（CER）的提升会降低农业绿色技术进步的碳减排效应的阻碍力，有利于农业碳减排。与此同时，行政型环境规制政策（CER）的提升会增加农业绿色技术进步的碳减排效应的不确定性，即行政型环境规制政策（CER）的提升并没有抑制农业绿色技术进步碳减排水平的波动，反而增加了农业绿色技术进步碳减排水平的波动幅度。可能的解释是，行政型环境规制对农业绿色技术进步的影响随着绿色管制规模的变化而变化，绿色管制有助于推动农业绿色技术进步，但是当绿色管制水平达到一定程度，进一步的管制反而不利于绿色技术维系在较高水平，不利于农业绿色技术进步的碳减排。这说明我国农业绿色技术的快速发展对碳减排的作用越来越明显，但是农业绿色技术进步中的碳减排推进空间仍然较大，还没有达到稳定状态或瓶颈期。

六、本章小结

本章主要对农业绿色技术进步的碳减排效应进行了研究。首先，在农业绿色技术进步的基础上，构建了农业绿色技术进步及其不同类型的碳减排模型，测度了各个省份的农业绿色技术进步及其不同类型的碳减排效应，并进行时空动态演进分析和影响因素分析。研究结果表明：

（1）从时空角度看，分时间看，农业绿色技术进步的碳减排效应指数在0.4～0.9，且基本呈增大趋势。各地区农业绿色技术进步（AGTP）碳减排效应的增长变动趋势基本一致，并且以 2004 年和 2010 年为节点，农业绿色技术进步的碳减排效应呈现出"慢—快—慢"阶段性的变动趋势。分地区看，各地区农业绿色技术进步（AGTP）碳减排效应的区域排序为东部＞中部＞西部，粮食主产区＞非粮食主产区。

（2）分类型看，环境友好型农业绿色技术进步（ACGTP）比资源节约型农业绿色技术进步（AEGTP）对碳的减排效应更高。同时，不同类型农业绿色技术进步的碳减排效应呈"保持稳定—急速下降—稳步上升"的状态。分区域看，不同类型农业绿色技术进步碳减排效应发展趋势基本一致，且与农业绿色技术进步（AGTP）的碳减排效应差异明显。其中，资源节约型农业绿色技术进步（AEGTP）的碳减排效应区域排序为中部＞东部＞西部，粮食主产区＞非粮食主产区。环境友好型农业绿色技术进步（ACGTP）的碳减排效应区域排序为东部＞中部＞西部，粮食主产区＞非粮食主产区。三大经济分区的农业绿色技术进步碳减排效应有差异，前期东部的不同农业绿色技术进步碳减排效应最高，后期中部的不同农业绿色技术进步碳减排效应最高。两大粮食分区的农业绿色技术进步的碳减排趋势一致。

（3）在中国农业绿色技术进步及其不同类型碳减排效应测度的影响因素中，农业绿色技术进步及其不同类型的减排效应作用是确定的，而各影响因素对农业绿色技术进步及其不同类型的碳减排效应作用不确定。其中，城镇化水平（City）、农业价格政策（PP）会增加农业绿色技术进步及其不同类型的碳减排效应阻碍力。农民可支配收入（PIC）、行政型环境规制（CER）会减少农业绿色技术进步及其不同类型的碳减排效应阻碍力。农业技术人员（TEAN）和经济型环境规制（EPR）对农业绿色技术进步及其不同类型的碳减排效应阻碍力因技术类别偏向而略有差异。

第七章 多政策情景下农业绿色技术进步对碳排放影响的模拟及优化

一、问题的提出

农业绿色技术进步可能将产生显著的碳减排效应，但技术进步由污染型向绿色型的转变并不会自然发生，需要外生的引导和激励。研究农业绿色技术进步及其不同类型对碳排放的影响及其效应，并考察外生的引导和激励的作用下的最优的碳减排路径极具意义。特别是，农业绿色技术进步与碳排放的作用机理与其他环境等多种因素存在显著关系，需要在充分考虑经济社会未来需求的情况下准确模拟这种复杂关系。在此基础上，探寻农业绿色技术进步会对中国环境带来怎样的影响，探究不同情景下农业绿色技术进步碳减排的路径差异，开展未来碳排放趋势分析。在农业绿色技术进步（包括资源节约型农业绿色技术进步和环境友好型农业绿色技术进步）的时空演进背景下，采取何种措施才能推动其实现持续进步，进而更好地推动中国农业碳减排进程？不同类型农业绿色技术进步的演化特征会对未来的农业碳排放趋势产生什么影响？与此同时，目前关于绿色技术进步对碳排放的影响研究较多。然而，以农业政策作为驱动因素的研究仍然较少，且看法不尽相同。在财政支农政策（FIN）、农业价格政策（PP）、经济型环境规制（EPR）和行政型环境规制（CER）四种政策下，不同情景下农业绿色技术进步对碳排放强度的影响如何？解决好这些问题，对加快中国农业发展向绿色转型、实现农业碳达峰具有重要意义。

为此，本章以 2000—2030 年全国层面、东部、中部、西部、粮食主产区、非粮食主产区的碳排放强度为研究对象，利用 BP 神经网络模型并结合情景分析方法设定了绿色技术进步的三种情景（基准情景、高速发展情景和低速发展情景），动态模拟了农业绿色技术进步不同情景下中国未来碳排放趋势。同时，进行反事实政策干预模拟，研究财政支农政策（FIN）、农业价格政策（PP）、经济型环境规制（EPR）和行政型环境规制（CER）等政策在基准情景、高速发展情景和低速发展情景下农业绿色技术进步对碳排放的不确定性冲击，期望为科学制定减排技术政策提供决策依据。

二、模型构建、参数与情景设置

（一）模型构建

1. 模型原理

人工神经元是一个非线性单元，是对生物神经网络的模拟，利用人工神经元可以形成不同拓扑结构的网络。BP 神经网络方法是最常用、最成熟的一种人工神经网络方法（董聪等，2018），它是一种误差反向传播算法训练的多层前馈网络，被认为最适用于模拟输入和输出关系（范秋芳，2007），有助于补充现有理论分析和辅助决策过程。Hornik 和 Stinchcombe（1990）证明人工神经网络能任意逼近一大类函数，并揭示数据样本中蕴含的非线性关系。BP 神经网络方法包括了输入层、隐含层（也叫中间层，可以有好几层）和输出层三部分。各层之间的联系由权重体现，学习过程由前向计算和反向传播组成。学习样本先进入前向计算过程，从输入层经过隐含层到输出层输出学习结果（Shu 等，2018）。如果输出不符合要求则进入反向传播过程。通过前向计算和反向传播对学习样本进行反复训练，直到误差信号学习结果令人满意（Zheng 等，2010）。模型的基本原理如图 7 - 1 所示。

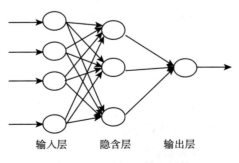

输入层　　　　隐含层　　　输出层

图 7 - 1　三层 BP 神经网络

2. 模型公式

设有 n 个输入层神经元，m 个输出层神经元，p 个隐含层神经元，神经网络训练预测过程主要分为两部分（董聪，2018），具体如以下公式所示。

隐含层神经元的输出可以由式（7-1）计算：

$$x_i^1 = f(\sum_{j=1}^{n} w_{ij}^0 x_j + w_{i0}^0), i = 1, 2, \cdots, p \qquad (7-1)$$

式中，x_i^1 表示隐含层神经元输出；$\sum_{j=1}^{n} w_{ij}^0 x_j + x_{i0}^0$ 代表对 n 个输入层神经元进行加权求和；w_{ij}^0 为输入层神经元 j 对隐含层神经元 i 影响程度的权系数，w_{i0}^0 为隐含层神经元 i 的阈值；x_j 为神经元输出；f 是一个具有无记忆性的非线性激励函数，用以改变神经元的输出。

同理，输出层神经元的输出 y^k 通过式（7-2）可以计算：

$$y^k = f(\sum_{j=1}^{p} w_{jk}^1 x_j^1 + x_{k0}^0), k = 1, 2, \cdots, m \qquad (7-2)$$

另外，将输出层神经元的误差函数定义为

$$E = \frac{1}{2} \sum_{k=1}^{m} (d^k - y^k) \qquad (7-3)$$

式中，d^k 为目标值。

通过逐层反传误差计算前面各层每个节点的误差值，并用如下的加权修正量公式进行修正：

$$\Delta w_{ij}^m = \eta \delta_j^m y_j^{m-1} \qquad (7-4)$$

式中，w_{ij}^m 表示权系数；y_j^{m-1} 表示输出层神经元输出；η 为学习率；δ_j^m 为误差信号。

为了克服输入、输出数据物理意义与量纲不同产生的问题。首先对输入、输出数据进行归一化预处理，使其在 [-1，1] 区间内，常用以下公式：

$$P_i = 2 \times \frac{I_i - I_{\min}}{I_{\max} - I_{\min}} - 1 \qquad (7-5)$$

式中，P_i 表示数据标准化得到的结果；I_i 代表输入或输出数据；$I_{\max}$ 和 $I_{\min}$ 分别代表输入或输出数据中的最大值和最小值。

（二）模型仿真环境及参数设置

本章利用 MATLAB 软件，采用 BP 神经网络模型对预测模型进行训练。主要是随机选取 2000—2019 年的数据作为训练样本，并选取 5 年数据作为检验样本，预测了 2020—2030 年 11 年的农业碳排放强度的变化值。虽然 BP 算法具有依据可靠、推导严谨、精度较高、通用性较好等优点，但也存在收敛速度慢，局部极小值、隐含层数和隐含层节点数难确定等缺点（董聪，2018）。因此，本模型中采用选取梯度下降法和高斯-牛顿算法相结合的 Levenberg - Marquardt 这一改进算法，以"*tansig*"作为隐含层神经元的激活函数、"*purelin*"作为输出层神经元的激活函数、"*trainlm*"作为训练函数。设学习率为 1%（本章分别设置了 0.1%、0.3%、0.5%、1%、3%、5%、10%、30% 和 50%，1% 时验证集均方根误差最小），训练周期 1 000 次，目标误差为 1×10^{-5}，最小性能梯度为 1e-6。同时，通过迭代调参，自适应选取最优隐元（最优隐元的选取原则是验证集均方根误差最小）对应的预测结果作为最后的结果。

（三）情景设置

情景分析方法是环境经济领域研究中的常用方法之一，被广泛运用于温室气体及碳减排问题的研究中（闫文琪，2014；Liu 等，2016）。该方法主要是通过假设手段生成未来情境，并分析其对目标产生的影响（李琳，2016）。因此，本章采用该方法并结合 BP 神经网络模型对未来不同农业绿色技术进步水平下，农业碳排放强度进行了预测。依据前文可知，城镇化水平（City）、农民可支配收入（PIC）、农业技术人员（TEAN）、农业价格政策（PP）、财政支农政策（FIN）、经济型环境规制（EPR）、行政型环境规制（CER）、劳动力水平（labor）、农业要素投入结构（ES）、农业要素投入效率（EE）、农业产业结构（PS）均会影响碳排放强度。因此，我们也将这些变量加入了模型中。其中，城镇化水平最高达到了 60.8%，财政支农比重最高达到 12.12%，农业要素投入结构（ES）最高达到 20.98%，均未达到实际值的上限，符合预测要求。

关于绿色技术进步对碳排放强度的情景模拟研究设定了三大类情景：第一类是基准情景，即模型的各变量以年均增长率为基准，以农业绿色技术进步及其不同类型水平平均变动率提高作为基准情景。第二类是高速发展情景，即模型的各变量以年均增长率为基准，以农业绿色技术进步及其不同类型水平最高变动率提高作为高速发展情景。第三类是低速发展情景，即模型的各变量以年均增长率为基准，以农业绿色技术进步水平及其不同类型最低变动率提高作为低速发展情景。具体情景数据如表 7-1 所示：

表7-1 农业绿色技术进步及其不同类型水平变动情景下各因素变化区间设置

指标	地区	高速发展情景	基准情景	低速发展情景
AGTP	全国	30.21%	1.14%	−10.86%
	东部	23.30%	0.92%	−6.23%
	中部	10.95%	0.24%	−0.50%
	西部	61.97%	2.48%	−23.18%
	粮食主产区	10.64%	1.07%	0.21%
	非粮食主产区	45.72%	1.86%	−17.23%
AEGTP	全国	4.34%	4.29%	−7.40%
	东部	5.28%	4.63%	−6.43%
	中部	2.43%	3.88%	−10.15%
	西部	3.77%	3.76%	−7.49%
	粮食主产区	4.24%	2.81%	−7.17%
	非粮食主产区	4.96%	4.31%	−7.50%
ACGTP	全国	15.47%	12.97%	−9.83%
	东部	12.35%	10.77%	−1.19%
	中部	28.45%	22.26%	−14.42%
	西部	35.35%	16.61%	−27.35%
	粮食主产区	20.19%	18.29%	−7.45%
	非粮食主产区	18.61%	11.35%	−12.01%

此外，关于多政策情景下绿色技术进步对碳排放强度影响的情景模拟研究也设定了三大类情景：一类是基准情景，即控制变量以年均增长率为基准，而财政支农政策（FIN）、农业价格政策（PP）、经济型环境规制（EPR）及行政型环境规制（CER）四种政策和农业绿色技术进步水平以平均变动率为基准。二类是高速发展情景，即控制变量以年均增长率为基准，而财政支农政策（FIN）、农业价格政策（PP）、经济型环境规制（EPR）和行政型环境规制（CER）四种政策以最高变动率为基准，农业绿色技术进步水平以平均变动率为基准。三类是低速发展情景，即控制变量以年均增长率为基准，而财政支农政策（FIN）、农业价格政策（PP）、经济型环境规制（EPR）和行政型环境规制（CER）四种政策以最低变动率为基准，农业绿色技术进步水平以平均变动率为基准。具体情景数据如表7-2所示：

表7-2　四种政策变动情景区间设置

指标	情景	全国	东部	中部	西部	粮食主产区	非粮食主产区
财政支农政策	基准情景	6.78%	5.22%	7.29%	8.35%	7.55%	6.90%
	高速发展情景	22.48%	26.82%	22.64%	36.79%	20.64%	25.50%
	低速发展情景	−9.69%	−2.12%	−9.13%	−13.68%	−8.15%	−10.91%
农业价格政策	基准情景	−0.03%	0.02%	−0.11%	0.01%	−0.64%	0.10%
	高速发展情景	4.01%	4.88%	4.88%	0.31%	4.34%	4.65%
	低速发展情景	−5.61%	−4.89%	−7.46%	−0.50%	−7.03%	−4.50%
经济型环境规制政策	基准情景	8.56%	4.10%	13.98%	9.88%	6.72%	10.54%
	高速发展情景	12.52%	29.15%	13.10%	13.12%	20.77%	15.01%
	低速发展情景	−4.27%	−19.34%	−19.23%	−3.20%	−4.69%	−7.29%
行政型环境规制政策	基准情景	6.58%	9.25%	6.37%	4.77%	5.82%	7.02%
	高速发展情景	11.27%	14.87%	9.41%	10.28%	10.95%	9.71%
	低速发展情景	−2.93%	−4.24%	−3.72%	−7.53%	−4.98%	−1.70%

三、农业绿色技术进步对碳排放强度的情景模拟结果分析[①]

(一)全国层面的农业碳排放强度模拟分析与情景实证结果

图7-3中a、b和c训练、检验、测试及全样本回归曲线图分别是图7-2中a、b和c即农业绿色技术进步（AGTP）、资源节约型农业绿色技术进步（AEGTP）和环境友好型农业绿色技术进步（ACGTP）对碳排放强度的预测结果的各样本仿真输出与实际期望输出二者的拟合结果。可以看出，农业绿色技术进步（AGTP）、资源节约型农业绿色技术进步（AEGTP）和环境友好型农业绿色技术进步（ACGTP）对碳排放强度的训练样本的仿真输出与期望输出的相关系数分别达到了0.997 73、0.996 90和0.999 99，检验样本的仿真输出和期望输出的相关系数分别达到了0.987 99、0.992 07和0.999 80，测试样本的仿真输出和期望输出的相关系数分别达到了0.995 81、0.850 56和0.999 89。拟合效果一致性非常好，这说明本模型可以进行农业碳排放模型的预测。[②]

---

① 此部分内容对笔者博士论文的部分计算进行了修订。

② 分地区模型的系数查看步骤与全样本系数查看步骤相同，后文不再赘述。

图 7 - 2 中，在基准情景下，2030 年农业绿色技术进步（AGTP）水平变动下农业碳排放强度值为 108 千克/万元，与 2020 年和 2000 年农业碳排放强度值 165 千克/万元和 373 千克/万元相比可知，约下降 34.55％和 71.05％。2030 年资源节约型农业绿色技术进步（AEGTP）水平变动下农业碳排放强度值为 153 千克/万元，与 2020 年和 2000 年农业碳排放强度值 167 千克/万元和 373 千克/万元相比可知，约下降 8.38％和 58.98％。2030 年环境友好型农业绿色技术进步（ACGTP）水平变动下农业碳排放强度值为 110 千克/万元，与 2020 年和 2000 年的农业碳排放强度值 167 千克/万元和 373 千克/万元相比可知，分别约下降 34.13％和 70.51％。

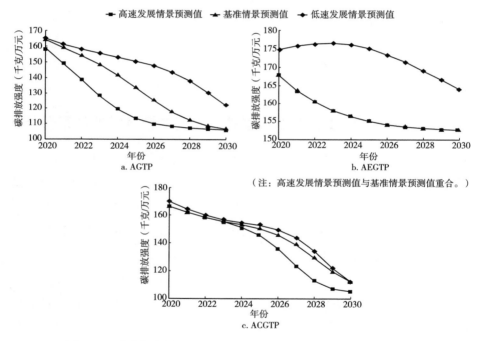

图 7 - 2　农业绿色技术进步及其不同类型对碳排放强度的预测结果

整体来看，首先，各种农业绿色技术进步情景下的碳排放强度均在下降，说明农业绿色技术进步情景下的碳排放强度下降趋势不可逆转。该研究结论与章胜勇等（2020）的研究结果基本一致。其次，到 2030 年，高速发展情景和基准情景也可基本实现 2030 年中国单位国内生产总值 CO_2 排放比 2005 年下降 65％以上的目标。环境友好型农业绿色技术进步

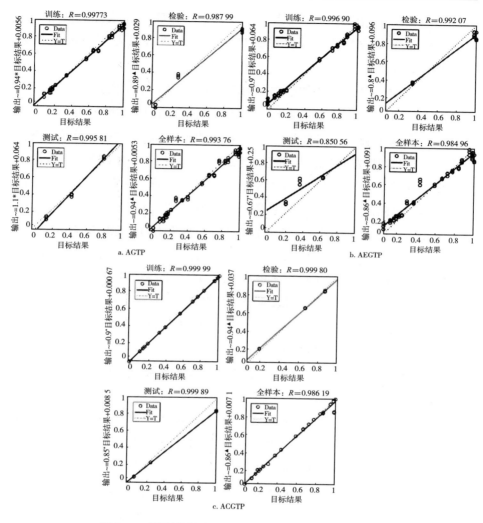

图 7-3 预测的训练、检验、测试及全样本回归曲线

（ACGTP）比资源节约型农业绿色技术进步（AEGTP）的碳强度减排效应高。为了有效实现农业碳减排，在今后的发展过程中，仍需要大力推广资源节约型农业绿色技术进步的应用，降低农业生产中的能耗水平，引导农业生产方式向绿色消费、低碳消费转型。与此同时，资源节约型农业绿色技术进步（AEGTP）呈急速下降后，在 2025 年最终维持在 155 千克/万元之间，而环境友好型农业绿色技术进步（ACGTP）则一直缓慢下降的状态。这说明 2025 年后如何通过政策机制设计、技术推动等综

合推动环境友好型农业绿色技术进步的进步，是实现碳减排的重点。此外，促进各种减排技术的研发、推广和应用，提高农业生产的科技含量，显得尤为必要。

（二）三大经济分区层面的农业碳排放强度情景模拟结果分析

图7-5中a、b和c训练、检验、测试及东部回归曲线图分别是图7-4中a、b和c即农业绿色技术进步（AGTP）、资源节约型农业绿色技术进步（AEGTP）和环境友好型农业绿色技术进步（ACGTP）对碳排放强度的预测结果的各样本仿真输出与实际期望输出的拟合结果。图7-7中a、b和c训练、检验、测试及中部回归曲线图分别是图7-6中a、b和c即农业绿色技术进步对碳排放强度的预测结果的各样本仿真输出与实际期望输出二者拟合结果。图7-9中a、b和c训练、检验、测试及西部回归曲线图分别是图7-8中a、b和c即农业绿色技术进步（AGTP）、资源节约型农业绿色技术进步（AEGTP）和环境友好型农业绿色技术进步（ACGTP）对碳排放强度的预测结果的仿真输出与实际期望输出，二者的拟合结果良好。本模型可以进行三大经济分区农业碳排放模型的预测。

1. 东部地区农业绿色技术进步及其不同类型水平变动情景下对碳排放的模拟分析与预测

在基准情景下，2030年农业绿色技术进步（AGTP）、资源节约型农业绿色技术进步（AEGTP）和环境友好型农业绿色技术进步（ACGTP）水平变动下农业碳排放强度值分别为100千克/万元、103千克/万元和98千克/万元。这与2020年农业绿色技术进步（AGTP）、资源节约型农业绿色技术进步（AEGTP）和环境友好型农业绿色技术进步（ACGTP）下的农业碳排放强度值153千克/万元、148千克/万元和150千克/万元相比，约下降31.03%、30.41%和34.67%；与2000年农业碳排放强度值346千克/万元相比可知，分别约下降71.10%、70.23%和71.68%。与全国一样，东部各农业绿色技术进步情景下的碳排放强度也都在下降，较之全国层面的碳减排效应更显著。资源节约型农业绿色技术进步（AEGTP）的碳强度减排效应一直处于平缓下降的状态；环境友好型农业绿色技术进步（ACGTP）先急速下降，后缓慢下降，并在2027年维持在95千克/万元左右，2027年后维持稳定状态。低速发展情景下资源节约型农业绿色技术进步（AEGTP）的减排效果较之环境友好型农业绿色技术进步（ACGTP）凸显（图 7 - 4、图 7 - 5）。

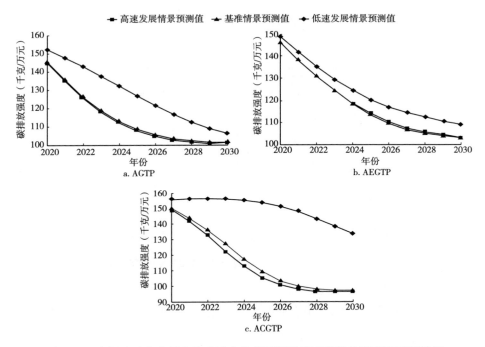

图 7 - 4　东部地区农业绿色技术进步及其不同类型对碳排放强度的预测结果

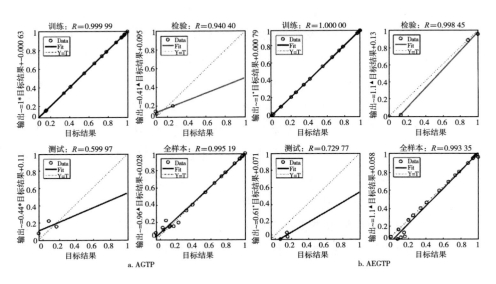

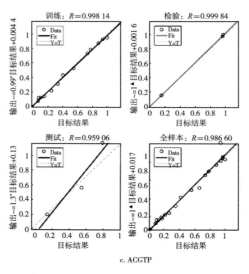

c. ACGTP

图 7-5　预测的训练、检验、测试及东部地区回归曲线

2. 中部地区农业绿色技术进步及其不同类型水平变动情景下对碳排放的模拟分析与预测

在基准情景下，2030 年农业绿色技术进步（AGTP）、资源节约型农业绿色技术进步（AEGTP）和环境友好型农业绿色技术进步（ACGTP）水平变动下农业碳排放强度值分别为 145 千克/万元、150 千克/万元和 145 千克/万元。这与 2020 年农业绿色技术进步（AGTP）、资源节约型农业绿色技术进步（AEGTP）和环境友好型农业绿色技术进步（ACGTP）下的农业碳排放强度值 202 千克/万元、190 千克/万元和 180 千克/万元相比，约下降28.22%、21.05%和 19.44%；与 2000 年农业碳排放强度值 403 千克/万元相比可知，分别约下降 64.02%、62.78%和 64.02%。整体来看，中部地区各种情景下的碳排放强度均在下降且各种情景下下降幅度均小于东部地区。与东部一样，中部的资源节约型农业绿色技术进步（AEGTP）和环境友好型农业绿色技术进步（ACGTP）的碳强度减排效应急速下降后，2024 年分别在 150 千克/万元和 145 千克/万元维持稳定（图 7-6、图 7-7）。这说明，单纯的农业绿色技术进步不是减排的唯一条件，要突破技术碳锁定和资源与环境的瓶颈约束，必须从其他政策方面进行规制，比如提升农户的环保意识，增强国家监督、市场限入等政策手段才是治污减排的重要手段。

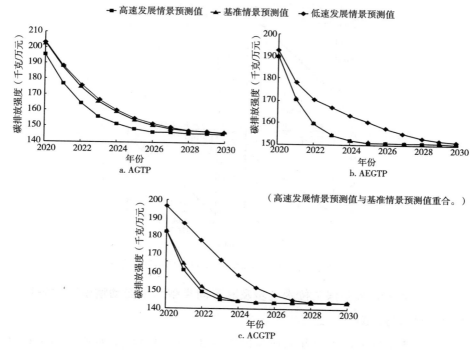

图 7-6　中部地区农业绿色技术进步及其不同类型对碳排放强度的预测结果

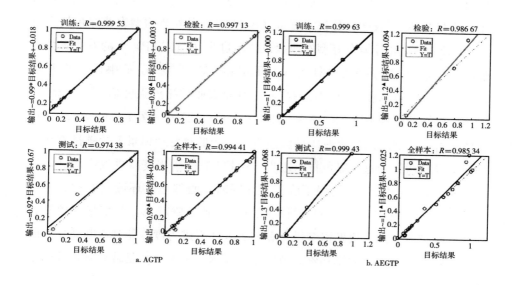

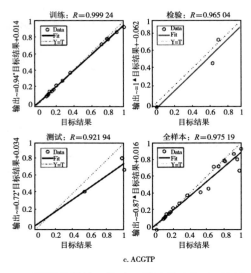

图 7 - 7　预测的训练、检验、测试及中部地区回归曲线

3. 西部地区农业绿色技术进步及其不同类型水平变动情景下对碳排放的模拟分析与预测

在基准情景下，2030 年农业绿色技术进步（AGTP）、资源节约型农业绿色技术进步（AEGTP）和环境友好型农业绿色技术进步（ACGTP）水平变动下农业碳排放强度值分别为 82 千克/万元、81 千克/万元和 85 千克/万元。这与 2020 年农业绿色技术进步（AGTP）、资源节约型农业绿色技术进步（AEGTP）和环境友好型农业绿色技术进步（ACGTP）下的农业碳排放强度值 135 千克/万元、131 千克/万元和 127 千克/万元相比，约下降 39.26%、38.17% 和 33.07%。这与 2000 年农业碳排放强度值 374 千克/万元相比可知分别约下降 78.07%、78.34% 和 77.27%（图 7 - 8、图 7 - 9）。整体来看，西部地区的农业碳排放强度一直较低且各种情景下的碳排放强度均在下降。西部的农业绿色技术进步（AGTP）的碳强度减排效应最高，且先急速下降，2024 年后缓慢下降。与此同时，西部地区环境友好型农业绿色技术进步（ACGTP）下的碳排放强度呈匀速下降状态，各情景下碳排放强度差距较大。加大研发资金投入和相关人才引进力度，使其不断转化为研发成果，促进污染物减排和资源节约型农业绿色技术进步是减少碳排放的重要环节。

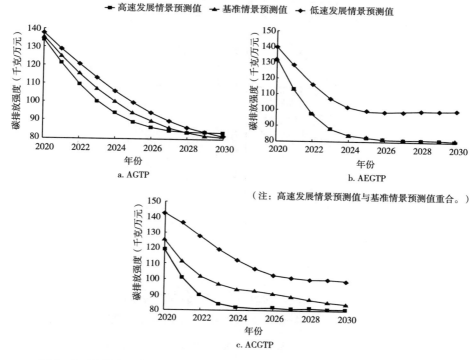

图 7 - 8　西部地区农业绿色技术进步及其不同类型对碳排放强度的预测结果

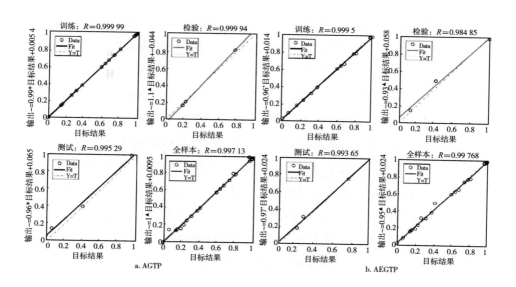

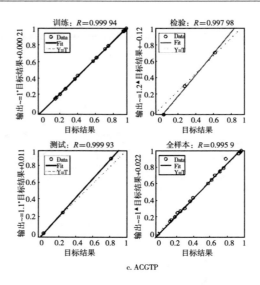

c. ACGTP

图 7-9　预测的训练、检验、测试及西部地区回归曲线

最后，在东、中、西部三大经济分区中，各地区的各种情景下的碳排放强度均在下降。分地区看，未来各地区的碳排放强度下降幅度排序为西部东部＞中部。这与第五章中相关推论不一致，可能有两个方面的原因：一是西部地区绿色技术的"赶超效应"将在未来明显；二是蔬菜等经济作物种植结构较少，农业要素消耗较之中部较少，所以碳排放强度下降将会最快。分类型看，环境友好型农业绿色技术进步（ACGTP）比资源节约型农业绿色技术进步（AEGTP）的碳强度减排效应大。同时，农业绿色技术进步及其不同类型下碳排放强度均先急速下降，后缓慢下降。其中，环境友好型农业绿色技术进步（ACGTP）下的碳排放强度在 2024 年后基本处于缓慢下降状态，而资源节约型农业绿色技术进步（AEGTP）下的碳强度在 2026 年后基本处于缓慢下降状态。

（三）两大粮食分区层面的农业碳排放强度情景模拟结果分析

图 7-11 中 a、b 和 c 训练、检验、测试及全样本回归曲线图分别是图 7-10 中 a、b 和 c 即农业绿色技术进步及其不同类型对碳排放强度的预测结果的各样本仿真输出与实际期望输出二者拟合结果。图 7-13 中 a、b 和 c 训练、检验、测试及全样本回归曲线图分别是图 7-12 中 a、b 和 c 即农业绿色技术进步及其不同类型对碳排放强度的预测结果的各样本仿真输出与实际期望输出二者拟合结果。结果显示两者的拟合一致性良好，本模型适

用于两大粮食分区农业碳排放模型的预测。

1. 粮食主产区农业绿色技术进步及其不同类型水平变动情景下对碳排放的模拟分析与预测

在基准情景下，2030 年农业绿色技术进步（AGTP）、资源节约型农业绿色技术进步（AEGTP）和环境友好型农业绿色技术进步（ACGTP）水平变动下农业碳排放强度值分别为 130 千克/万元、145 千克/万元和 132 千克/万元。这与 2020 年农业绿色技术进步（AGTP）、资源节约型农业绿色技术进步（AEGTP）和环境友好型农业绿色技术进步（ACGTP）下的农业碳排放强度值 200 千克/万元、202 千克/万元和 185 千克/万元相比，约下降 35.00%、28.22% 和 28.65%；与 2000 年农业碳排放强度值 386 千克/万元相比可知，分别约下降 66.32%、62.44% 和 65.80%。整体来看，粮食主产区的农业碳排放强度均在下降，且下降率大于 60%（图 7-10、图 7-11）。在粮食主产区，也需要加大研发资金投入和相关人才引进力度，使其不断转化为研发成果，促进污染物减排型和资源节约型农业绿色技术进步是碳排放的重要环节。

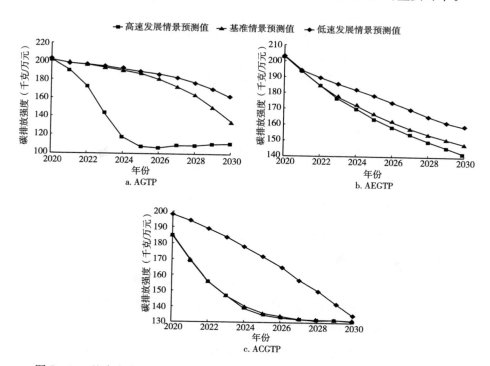

图 7-10　粮食主产区农业绿色技术进步及其不同类型对碳排放强度的预测结果

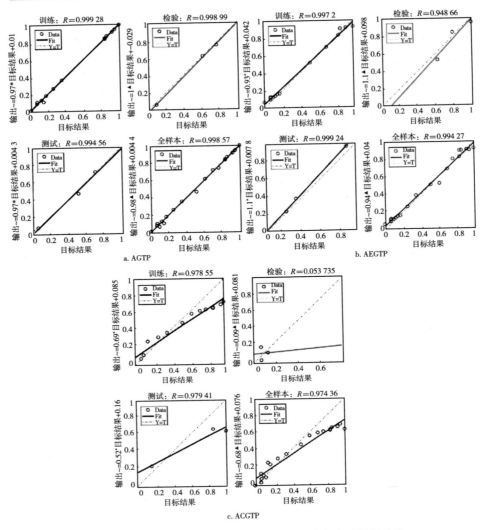

图 7-11　预测的训练、检验、测试及粮食主产区回归曲线

2. 非粮食主产区农业绿色技术进步及其不同类型水平变动情景下对碳排放的模拟分析与预测

2030 年农业绿色技术进步（AGTP）、资源节约型农业绿色技术进步（AEGTP）和环境友好型农业绿色技术进步（ACGTP）水平变动下农业碳排放强度值分别为 95 千克/万元、101 千克/万元和 100 千克/万元。这与 2020 年农业绿色技术进步（AGTP）、资源节约型农业绿色技术进步（AE-GTP）和环境友好型农业绿色技术进步（ACGTP）下的农业碳排放强度值

150 千克/万元、136 千克/万元和 142 千克/万元相比，约下降 36.67%、25.74% 和 29.58%；与 2000 年农业碳排放强度值 364 千克/万元相比可知，分别约下降 73.90%、72.25% 和 72.53%（图 7-12、图 7-13）。整体来看，非粮食主产区的农业碳排放强度下降率显著高于粮食主产区的。

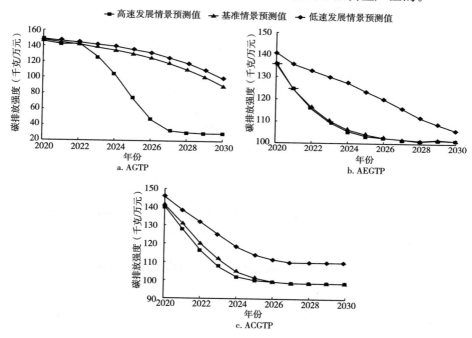

图 7-12　非粮食主产区农业绿色技术进步及其不同类型对碳排放强度的预测结果

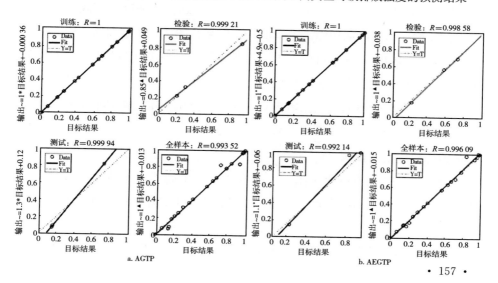

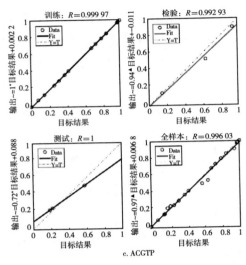

图 7 - 13　预测的训练、检验、测试及非粮食主产区回归曲线

四、多政策情景下农业绿色技术进步对碳排放强度影响的模拟结果分析

（一）财政支农政策情景下农业绿色技术进步对碳排放强度影响模拟与实证结果分析

1. 全国层面财政支农政策变动情景下农业绿色技术进步对碳排放强度影响的模拟结果分析

图 7 - 14 是农业绿色技术进步（AGTP）对碳排放强度的预测结果的各样本仿真输出与实际期望输出二者的拟合结果，图 7 - 15 是训练、检验、测试及全样本回归曲线图。可以看出，农业绿色技术进步（AGTP）对碳排放强度的训练样本的仿真输出与期望输出的相关系数为 0.999 57，检验样本的仿真输出和期望输出的相关系数为 0.999 25，测试样本的仿真输出和期望输出的相关系数为 0.932 50。拟合效果一致性非常好，这说明本模型可以进行农业碳排放模型的预测。[①]

图 7 - 14 中，2030 年全国层面财政支农政策高速发展情景下农业碳排放强度值约为 85 千克/万元，与 2020 年和 2000 年农业碳排放强度值 160 千

---

① 分地区模型的系数查看步骤与全样本系数查看步骤相同，后文不再赘述。

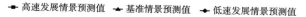

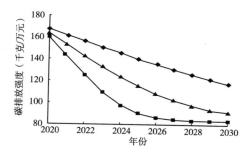

图 7-14 财政支农政策变动情景下农业绿色技术进步对碳排放强度的模拟结果

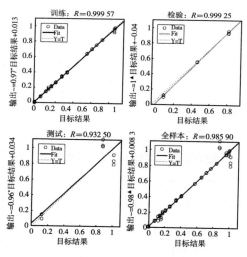

图 7-15 预测的训练、检验、测试及全样本回归曲线

克/万元和 373 千克/万元相比可知，约下降 46.88％和 77.21％。2030 年全国层面财政支农政策基准变动情景下农业碳排放强度值为 90 千克/万元左右，与 2020 年和 2000 年农业碳排放强度值 163 千克/万元和 373 千克/万元相比可知，约下降 44.79％和 75.87％。2030 年全国层面财政支农政策低速发展情景下农业碳排放强度值为 118 千克/万元，与 2020 年和 2000 年的农业碳排放强度值 167 千克/万元和 373 千克/万元相比可知，分别约下降 29.34％和 68.36％。整体来看，各种财政支农政策情景下的农业碳排放强度均在下降，说明财政支农政策和农业绿色技术进步情景下的碳排放强度下

降趋势不可逆转。同时，高速发展情景下先急速下降，后缓慢下降，2026年后基本维持在 85 千克/万元之间，相较于基准情景临界点更低。说明高支持下的财政支农政策对碳减排具有一定效果。这说明 2026 年前的重点是通过财政支农政策机制设计、技术推动等各方面综合推动农业绿色技术进步的碳减排。财政支农政策的变动应该包括对绿色技术的资金投入、补贴政策的调整等，鼓励和支持农业绿色技术的创新和应用，那么绿色技术的进步对于碳排放强度的降低就会更为显著。在 2026 年后需要对现有的财政支农政策进行评估和政策调整，识别导致碳减排效应不足的原因。同时，制定更具体的减排目标，并设定可衡量的指标和时间表，使政策更具针对性和可操作性。

2. 三大经济分区层面财政支农政策发展情景下农业绿色技术进步对碳排放强度影响的模拟结果分析

（1）东部地区财政支农政策发展情景下农业绿色技术进步对碳排放强度影响的模拟结果分析。图 7-16a 是东部地区财政支农政策发展情景下农业绿色技术进步对碳排放强度影响预测结果的样本仿真输出与实际期望输出二者的拟合结果，图 7-17a 是东部地区财政支农政策发展情景下农业绿色技术进步对碳排放强度影响的训练、检验、测试及回归曲线图。模型拟合效果一致性非常好，可以进行农业碳排放模型的预测。图 7-16a 中，高速发展情景下，2030 年的农业碳排放强度值约为 108 千克/万元，与 2020 年和 2000 年农业碳排放强度值 148 千克/万元和 346 千克/万元相比，约下降 27.03％和 68.79％。特别是，到 2023 年，高速发展情景下农业碳排放强度值降低到 110 千克/万元左右，表明高速发展情景能更好地影响绿色技术进步碳减排。基准情景下，2030 年农业碳排放强度值为 110 千克/万元左右，与 2020 年和 2000 年农业碳排放强度值 160 千克/万元和 346 千克/万元相比，约下降 31.25％和 68.21％。低速发展情景下，2030 年农业碳排放强度值为 125 千克/万元，与 2020 年和 2000 年的农业碳排放强度值 165 千克/万元和 346 千克/万元相比可知，分别约下降 24.24％和 63.87％。同时，低速发展情景下，2026 年后的农业碳排放强度速度变缓，这和前文研究结果基本一致。这说明财政支农政策的影响大，要实现更显著的改善，可能需要更积极、全面的财政支农政策举措以促进农业的可持续发展。

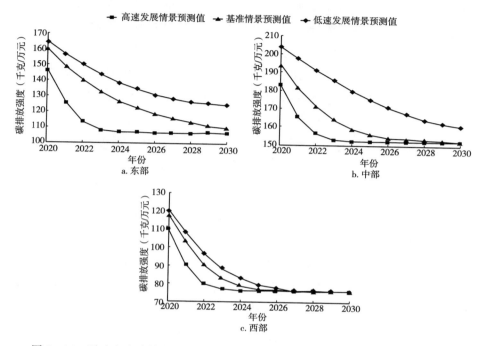

图 7-16　财政支农政策变动情景下农业绿色技术进步对碳排放强度的模拟结果

（2）中部地区财政支农政策发展情景下农业绿色技术进步对碳排放强度影响的模拟结果分析。图 7-16b 是中部地区财政支农政策发展情景下农业绿色技术进步对碳排放强度影响的预测结果的样本仿真输出与实际期望输出二者的拟合结果，图 7-17b 是其训练、检验、测试及回归曲线图。各项模拟值均大于 0.9，表示模型能够很好地捕捉输入特征与输出目标之间的关系，具有较高的准确性和一致性。图 7-16b 中，2030 年高速发展情景下农业碳排放强度值约为 152 千克/万元，与 2020 年和 2000 年农业碳排放强度值 183 千克/万元和 403 千克/万元相比可知，约下降 16.94% 和 62.28%。2030 年基准发展情景下农业碳排放强度值为 153 千克/万元左右，与 2020 年和 2000 年农业碳排放强度值 193 千克/万元和 403 千克/万元相比可知，约下降 20.73% 和 62.03%。2030 年低速发展情景下农业碳排放强度值为 160 千克/万元，与 2020 年和 2000 年的农业碳排放强度值 204 千克/万元和 403 千克/万元相比可知，分别约下降 21.57% 和 60.30%。从下降率看，中部较之于东西部的农业碳排放强度下降率最低。可能是，中部地区相对西部经济发达，基础设施和农业科技水平可能相对较高。财政支农政策更容易影响到中部的技术水平，进而影响碳排放强度。然而，与东部地区相比，中部地区的农业占有较大比例，财政支农政策对农业科技发展等更具"高效"和"后发"作用。因此，财政支农政策的变动能更为直接地影响到中部地区的农业经济，对当地农业产业的提升和发展产生显著影响。

（3）西部地区财政支农政策发展情景下农业绿色技术进步对碳排放强度影响的模拟结果分析。图7-16c是西部地区财政支农政策发展情景下农业绿色技术进步对碳排放强度影响的预测结果的样本仿真输出与实际期望输出二者的拟合结果，图7-17c是其训练、检验、测试及回归曲线图。从结果可知，农业碳排放预测拟合效果好。图7-16c中，2030年西部地区财政支农政策高速发展情景下农业碳排放强度值约为77千克/万元，与2020年和2000年农业碳排放强度值110千克/万元和374千克/万元相比可知，约下降30.00%和79.41%。2030年全国层面财政支农政策基准发展情景下农业碳排放强度值为77千克/万元左右，与2020年和2000年农业碳排放强度值118千克/万元和374千克/万元相比可知，约下降34.75%和79.41%。2030年全国层面财政支农政策低速发展情景下农业碳排放强度值为77千克/万元，与2020年和2000年的农业碳排放强度值120千克/万元和374千克/万元相比可知，分别约下降35.83%和79.41%。从分地区下降率来看，西部的下降率最高。同时，三个情景下的碳排放强度基本一致，说明财政支农政策变动对西部的影响不大。究其原因，西部地区的农业内部占比不合理，可能并不是国家支农政策的重点关注对象。那么，在政策制定和实施过程中，西部地区的农业需求可能未被充分考虑，导致政策变动对绿色碳减排影响较小。同时，财政支农政策可能会在资源分配上存在不均衡，出现财政支农政策的实施未能公平照顾西部地区的农业需求，政策的影响就会相对较小。

3. 两大粮食分区层面财政支农政策变动情景下农业绿色技术进步对碳排放强度影响的模拟结果分析

（1）粮食主产区财政支农政策变动情景下农业绿色技术进步对碳排放强

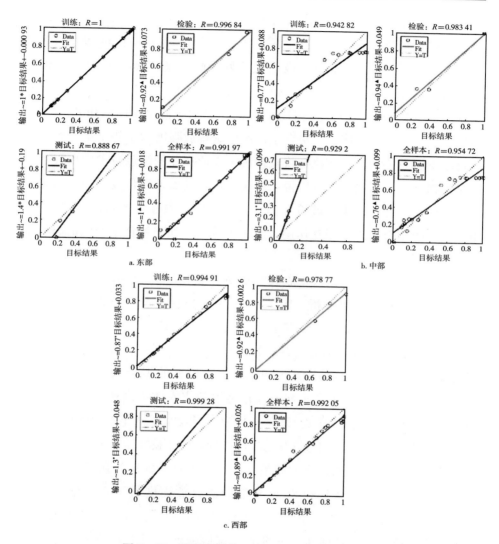

图 7 - 17 预测的训练、检验、测试及回归曲线

度影响的模拟结果分析。图 7 - 18a 是粮食主产区财政支农政策变动情景下农业绿色技术进步对碳排放强度影响的预测结果的样本仿真输出与实际期望输出二者的拟合结果，图 7 - 19a 是训练、检验、测试及回归曲线图。图 7 - 18a 中，财政支农政策高速发展情景下，2030 年农业碳排放强度值约为 117 千克/万元，与 2020 年和 2000 年农业碳排放强度值 185 千克/万元和 386 千克/万元相比可知，约下降 36.76% 和 52.07%。财政支农政策基准情

景下，2030 年农业碳排放强度值为 117 千克/万元左右，与 2020 年和 2000 年农业碳排放强度值 190 千克/万元和 386 千克/万元相比可知，约下降 38.42% 和 69.69%。财政支农政策低速发展情景下，2030 年农业碳排放强度值为 139 千克/万元，与 2020 年和 2000 年的农业碳排放强度值 199 千克/万元和 386 千克/万元相比可知，分别约下降 30.15% 和 63.99%。高速发展情景和基准情景下粮食主产区中碳排放强度的走势基本一致，说明财政支农政策的设计和执行将直接决定农业产业的绿色技术应用程度和碳排放强度的变化趋势。可以说，粮食主产区的农业绿色技术进步对碳排放强度的影响程度取决于政策导向、技术创新、农业生产者的应对能力、市场需求等多个因素的相互作用，未来需进一步加强粮食主产区的财政支农政策强度。

（2）非粮食主产区财政支农政策变动情景下农业绿色技术进步对碳排放强度影响的模拟结果分析。图 7-18b 是非粮食主产区财政支农政策变动情景下农业绿色技术进步对碳排放强度影响的预测结果的样本仿真输出与实际期望输出二者的拟合结果，图 7-19b 是其训练、检验、测试及回归曲线图。各项拟合值均大于 0.9，表示本模型的拟合效果一致性非常好。图 7-18b 中，2030 年非粮食主产区财政支农政策高速发展情景下农业碳排放强度值约为 91 千克/万元，与 2020 年和 2000 年农业碳排放强度值 112 千克/万元和 364 千克/万元相比可知，约下降 18.75% 和 75.00%。2030 年非粮食主产区财政支农政策基准情景下农业碳排放强度值为 98 千克/万元左右，与 2020 年和 2000 年农业碳排放强度值 136 千克/万元和 364 千克/万元相比可知，约下降 27.94% 和 73.08%。2030 年非粮食主产区财政支农政策低速发展情景下农业碳排放强度值为 128 千克/万元，与 2020 年和 2000 年的农业碳排放强度值 150 千克/万元和 364 千克/万元相比可知，分别约下降 14.67% 和 64.84%。财政支农政策的高速发展、基准和低速发展情景下，非粮食主产区的农业碳排放强度下降率差值过大。可能的原因是，财政支农政策主要关注某一特定类型的农业，而非粮食产区的主导农业类型与之不符，那么政策变动对碳排放影响差值就会变大。未来需要进一步细化在粮食主产区和非粮食主产区的财政支农政策。

整体来看，各种财政支农政策情景下全国、东中西部和两大粮食产区的

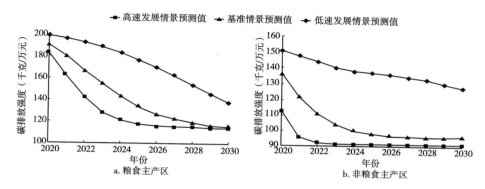

图 7-18　财政支农政策变动情景下农业绿色技术进步对碳排放强度的模拟结果

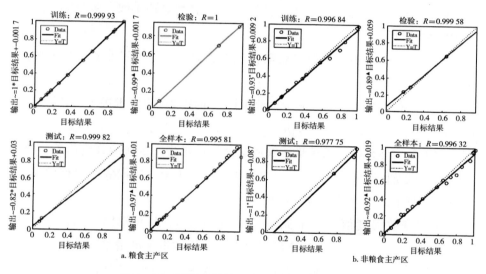

图 7-19　预测的训练、检验、测试及回归曲线

农业碳排放强度均在下降，说明财政支农政策和农业绿色技术进步情景下的碳排放强度下降趋势不可逆转。与此同时，各地区的财政支农政策高速发展情景下均呈"急速下降—缓慢下降"特点，基准情景均呈直线下降特点。为有效实现农业碳减排，在今后的发展过程中，仍需要大力推行农业财政支农政策。第一，推动有机农业和可持续农业实践。例如，提供资金和技术支持，帮助农民过渡到有机农业和可持续农业模式；制定激励政策，鼓励农民采用节水灌溉、有机肥料和农业生态系统的健康管理。第二，建立农产品绿色认证体系。例如，建立和推广农产品的绿色认证体系，以确保产品的环保

和可持续性；激励农民通过认证提高其产品的市场竞争力。第三，支持农村可再生能源发展。例如，推动农村地区发展小规模风能、太阳能等可再生能源项目；向农村地区提供对可再生能源项目的投资和技术支持。第四，推广数字农业技术，帮助农民更有效地管理土地、水资源和农业产出。第五，提高农产品附加值。例如，支持农产品的加工和品牌建设，以提高其附加值。制定政策，鼓励建立农产品合作社和农产品品牌，促进农业产业升级。第六，制定奖励和激励政策。例如，提供奖励和激励，以鼓励农民采用环保和可持续的农业实践；设立农业可持续发展奖项，表彰在绿色农业方面取得显著成就的农民和企业等。

（二）农业价格政策情景下农业绿色技术进步对碳排放强度影响模拟与实证结果分析

1. 全国层面农业价格政策变动情景下农业绿色技术进步对碳排放强度影响的模拟结果分析

图 7-20 是全国层面农业价格政策情景下农业绿色技术进步对碳排放强度影响的预测结果的各样本仿真输出与实际期望输出二者的拟合结果，图 7-21 是农业价格政策情景下农业绿色技术进步对碳排放强度影响训练、检验、测试及回归曲线图。图 7-20 中，2030 年全国层面农业价格政策高速发展情景下的农业碳排放强度值约为 108 千克/万元，与 2020 年和 2000 年农业碳排放强度值 145 千克/万元和 373 千克/万元相比可知，约下降 25.52% 和 71.05%。2030 年全国层面农业价格政策基准情景下的农业碳排放强度值为 108 千克/万元左右，与 2020 年和 2000 年农业碳排放强度值 175 千克/万元和 373 千克/万元相比可知，约下降 38.29% 和 71.05%。2030 年全国层面农业价格政策低速发展情景下农业碳排放强度值为 150 千克/万元，与 2020 年和 2000 年的农业碳排放强度值 185 千克/万元和 373 千克/万元相比可知，分别约下降 18.92% 和 59.79%。此外，2027 年后全国层面农业价格政策高速发展情景和基准情景下的农业碳排放强度基本一致，说明全国层面农业价格政策高速发展情景作用不大。可能是因为，农业价格政策的目标更侧重于解决粮食安全、农民收入问题等，而环境保护和碳排放减少并非首要考虑的问题。政府在制定政策时会根据国家的整体发展目标和当前的紧迫问题来设置政策优先级。同时，农民也主要关注维持农产品价格

的稳定和经济收益，通常要更关注市场和生产效率，而较少直接考虑环境外部性。

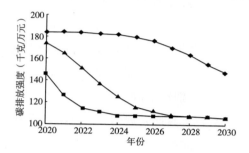

图 7-20 农业价格政策变动情景下农业绿色技术进步对碳排放强度的模拟结果

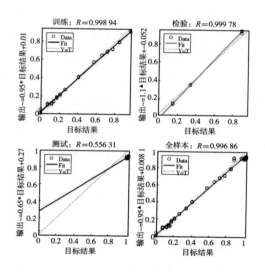

图 7-21 预测的训练、检验、测试及全样本回归曲线

2. 三大经济分区层面农业价格政策变动情景下农业绿色技术进步对碳排放强度影响的模拟结果分析

（1）东部地区农业价格政策变动情景下农业绿色技术进步对碳排放强度影响的模拟结果分析。图 7-22a 是东部地区农业价格政策情景下农业绿色技术进步对碳排放强度影响的预测结果的各样本仿真输出与实际期望输出二者的拟合结果，图 7-23a 是其训练、检验、测试及回归曲线图。图 7-22a 中，

2030 年东部地区农业价格政策高速发展情景下农业碳排放强度值约为 60 千克/万元，与 2020 年和 2000 年农业碳排放强度值 139 千克/万元和 346 千克/万元相比可知，约下降 56.83％和 82.66％。2030 年东部地区农业价格政策基准情景下农业碳排放强度值为 82 千克/万元左右，与 2020 年和 2000 年农业碳排放强度值 152 千克/万元和 346 千克/万元相比可知，约下降 46.05％和 76.30％。2030 年东部地区农业价格政策低速发展情景下农业碳排放强度值为 140 千克/万元，与 2020 年和 2000 年的农业碳排放强度值 160 千克/万元和 346 千克/万元相比可知，分别约下降 12.50％和 59.54％。较之于中西部地区，东部地区的农业价格政策高速发展情景、基准情景和低速发展情景的农业碳排放强度差值最大。可能的原因包括：首先，东部地区的农业产业更为发达，生产方式更现代化，更容易调整和改善生产方式、减少碳排放。其次，东部地区有更充足的政策支持和资源投入，可以通过调整农业价格政策，设计差异化的价格机制，使得对环保农业实践较好的产品能够获得更合理的市场价格，推动农业生产者主动选择更可持续的生产方式、更为环保的农业技术和管理方法，从而降低碳排放。最后，东部地区消费者市场可能更注重环保和可持续性，消费者对于绿色农产品的需求更高。为了满足消费者对产品质量和安全的需求，东部地区可能倾向于建立完善的农产品溯源系统和绿色认证机制。这有助于确保产品的环保性，提高农产品的市场竞争力。

（2）中部地区农业价格政策变动情景下农业绿色技术进步对碳排放强度影响的模拟结果分析。图 7-22b 是中部地区农业价格政策变动情景下农业绿色技术进步对碳排放强度影响的预测结果的各样本仿真输出与实际期望输出二者的拟合结果，图 7-23b 是其训练、检验、测试及回归曲线图。图 7-22b 中，2030 年农业价格政策高速发展情景下农业碳排放强度值约为 140 千克/万元，与 2020 年和 2000 年农业碳排放强度值 164 千克/万元和 403 千克/万元相比可知，约下降 14.63％和 65.26％。2030 年中部地区农业价格政策基准情景下农业碳排放强度值为 140 千克/万元左右，与 2020 年和 2000 年农业碳排放强度值 192 千克/万元和 403 千克/万元相比可知，约下降 27.08％和 65.26％。2030 年中部地区农业价格政策低速发展情景下农业碳排放强度值为 140 千克/万元，与 2020 年和 2000 年的农业碳排放强度值

200 千克/万元和 403 千克/万元相比可知，分别约下降 30.00% 和 65.26%。2025 年后，中部地区农业价格政策高速发展情景和基准情景下的农业碳排放强度基本一致。这与前文全国层面农业价格政策高速发展情景作用不大的结果基本一致。

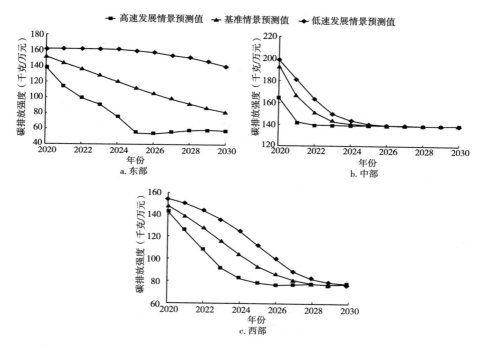

图 7 - 22　农业价格政策变动情景下农业绿色技术进步对碳排放强度的模拟结果

（3）西部地区农业价格政策变动情景下农业绿色技术进步对碳排放强度影响的模拟结果分析。图 7 - 22c 是西部地区农业价格政策变动情景下农业绿色技术进步对碳排放强度影响的预测结果的各样本仿真输出与实际期望输出二者的拟合结果，图 7 - 23c 是其训练、检验、测试及回归曲线图。本模型可以进行农业碳排放模型的预测。图 7 - 22c 中，2030 年西部地区农业价格政策高速发展情景下农业碳排放强度值约为 78 千克/万元，与 2020 年和 2000 年农业碳排放强度值 141 千克/万元和 374 千克/万元相比可知，约下降 44.68% 和 79.14%。2030 年西部地区农业价格政策基准情景下农业碳排放强度值为 78 千克/万元左右，与 2020 年和 2000 年农业碳排放强度值 150 千克/万元和 374 千克/万元相比可知，约下降 48.00% 和 79.14%。2030 年农业价格政策低速发展情景下农业碳排放强度值为 78 千克/万元，与 2020 年和 2000 年的农业碳排放强度值 155 千克/万元和 374 千克/万元相比可知，分别约下降 49.68％和 79.14％。2025 年后，西部地区农业价格政策高速发展情景和基准情景下的农业碳排放强度基本一致。这与前文全国层面和中部地区的研究结果基本一致。

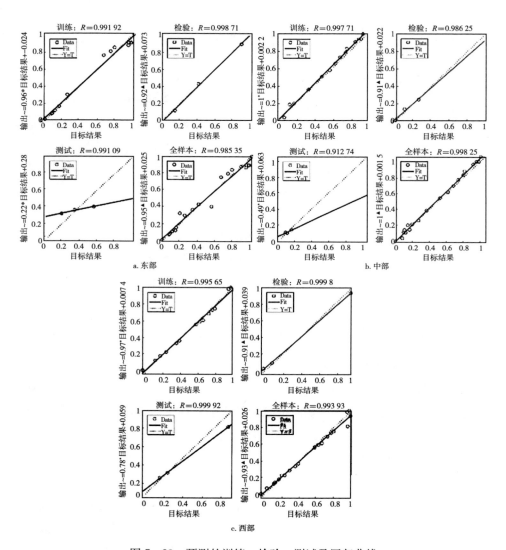

图 7-23　预测的训练、检验、测试及回归曲线

3. 两大粮食分区层面农业价格政策变动情景下农业绿色技术进步对碳排放强度影响的模拟结果分析

（1）粮食主产区农业价格政策变动情景下农业绿色技术进步对碳排放强度影响的模拟结果分析。图7-24a是粮食主产区农业价格政策情景下农业绿色技术进步对碳排放强度影响的预测结果的各样本仿真输出与实际期望输出二者的拟合结果，图7-25a是其训练、检验、测试及回归曲线图。图7-24a中，2030年粮食主产区农业价格政策高速发展情景下农业碳排放强度值约为140千克/万元，与2020年和2000年农业碳排放强度值182千克/万元和386千克/万元相比可知，约下降23.08％和63.73％。2030年粮食主产区农业价格政策基准情景下农业碳排放强度值为150千克/万元左右，与2020年和2000年农业碳排放强度值195千克/万元和386千克/万元相比可知，约下降23.08％和61.14％。2030年粮食主产区农业价格政策低速发展情景下农业碳排放强度值为190千克/万元，与2020年和2000年的农业碳排放强度值210千克/万元和386千克/万元相比可知，分别约下降9.52％和50.78％。粮食主产区中农业价格政策高速发展情景和基准情景下农业碳排放强度走势基本一致，而低速发展情景下的变动较为平缓，说明在高速发展和基准情景下，农业价格政策的变动可能更受市场需求和供给的驱动，更强调提高农产品的生产效率和竞争力，农民也更容易迅速调整生产方式以适应市场的需求，采用更为现代化、技术先进的农业生产方式，有助于减少碳排放。在低速发展情景下，政策变动的频率较低，农民对政策的适应过程相对缓慢，导致生产方式调整的速度也较慢。

（2）非粮食主产区农业价格政策变动情景下农业绿色技术进步对碳排放强度影响的模拟结果分析。图7-24b是非粮食主产区农业价格政策情景下农业绿色技术进步对碳排放强度影响的预测结果的各样本仿真输出与实际期望输出二者的拟合结果，图7-25b是其训练、检验、测试及回归曲线图。图7-24b中，2030年非粮食主产区农业价格政策高速发展情景下农业碳排放强度值约为104千克/万元，与2020年和2000年农业碳排放强度值140千克/万元和364千克/万元相比可知，约下降25.71％和71.43％。2030年农业价格政策基准情景下农业碳排放强度值为133千克/万元左右，与2020

年和 2000 年农业碳排放强度值 142 千克/万元和 364 千克/万元相比可知，约下降 6.34% 和 63.46%。2030 年非粮食主产区农业价格政策低速发展情景下农业碳排放强度值为 131 千克/万元，与 2020 年和 2000 年的农业碳排放强度值 143 千克/万元和 364 千克/万元相比可知，分别约下降 8.39% 和 64.01%。基准情景和高速发展情景的下降趋势基本一致，而非粮食主产区中高速发展情景的碳排放强度值呈"平缓—极速—平缓"下降的特点。可能的原因是，高速发展初期，政策推动需要一定时间，农民和农业产业需要适应新的生产方式，才能进行农业生产方式的调整和技术创新，出现政策的滞后性。而随着时间的推移，技术逐渐成熟，农民和农业从业者更加熟练掌握这些技术，使得碳排放强度的改善进程逐渐趋于稳定，呈现"平缓"下降的趋势。

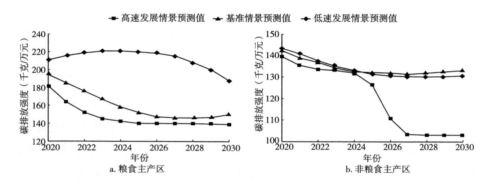

图 7-24　农业价格政策变动情景下农业绿色技术进步对碳排放强度的模拟结果

　　整体来看，除东部地区和非粮食主产区外，农产品价格政策影响绿色技术进步碳排放强度的下降趋势均不明显。可能需要以下举措：一是，审视农产品价格政策的具体内容并细化和调整，以更好地促进绿色技术进步和农业碳排放强度的降低，可以将环保、可持续发展的因素纳入价格政策的考虑范围，提供更直接的激励和支持。二是，在农产品价格政策中引入绿色激励机制，例如通过奖励符合环保标准的农产品，为使用绿色技术的农民提供额外的奖励或补贴，更直接促进农业生产的环保和可持续发展。三是，政府可以通过价格政策来引导农业生产者更多地生产符合环保标准的产品。政府可以与零售商和消费者合作，创建更为环保的农产品市场。四是，制定更符合中西部地区实际情况的农产品碳减排政策。考虑到中西部和粮食主产区的自然环境、农业结构和社会经济状况的差异，政策制定可以更适应当地的农业特点。比如，提供技术转移支持，帮助中西部和粮食主产区农业生产者引入更先进的、碳减排效果更好的农业生产技术，包括推广绿色种植技术、高效水肥一体化技术等。

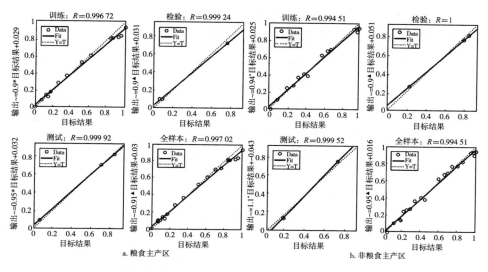

图 7-25　预测的训练、检验、测试及回归曲线

（三）经济型环境规制政策情景下农业绿色技术进步对碳排放强度影响模拟与实证结果分析

1. 全国层面经济型环境规制政策变动情景下农业绿色技术进步对碳排放强度影响的模拟结果分析

图 7-26 是全国层面经济型环境规制政策变动情景下农业绿色技术进步对碳排放强度影响的预测结果的各样本仿真输出与实际期望输出二者的拟合结果，图 7-27 是训练、检验、测试及全样本回归曲线图。各项拟合值均大于 0.9，表示模型具有较高的准确性和一致性，拟合效果一致性非常好。图 7-26 中，2030 年经济型环境规制政策高速发展情景下农业碳排放强度值约为 109 千克/万元，与 2020 年和 2000 年农业碳排放强度值 162 千克/万元和 373 千克/万元相比可知，约下降 32.94％和 70.78％。2030 年经济型环境规制政策基准情景下农业碳排放强度值为 109 千克/万元左右，与 2020 年和 2000 年农业碳排放强度值 164 千克/万元和 373 千克/万元相比可知，

约下降 33.54％和 70.78％。2030 年经济型环境规制政策低速发展情景下农业碳排放强度值为 114 千克/万元，与 2020 年和 2000 年的农业碳排放强度值 170 千克/万元和 373 千克/万元相比可知，分别约下降 32.94％和 69.44％。全国层面经济型环境规制政策的高速发展情景和基准情景碳排放强度下降频率基本一致，而在低速发展情景下碳排放强度呈"低速-高速"下降的特点。在高速发展情景和基准情景下，经济型环境规制政策中激励和约束措施较为一致，可能使碳排放强度下降频率较为一致。在低速发展情景中，政府可能会经历一个政策调整和实施阶段，农户需逐渐适应政策和法规。一开始，适应行为较为缓慢，所以下降速度相对较低，而随着政策的深入落实和农户适应性的加强，下降逐渐加快。

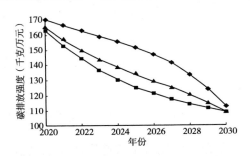

图 7-26　经济型环境规制政策变动情景下农业绿色技术进步对碳排放强度的模拟结果

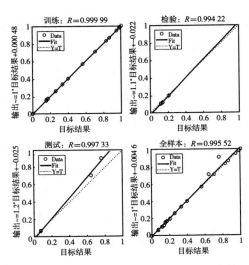

图 7-27　预测的训练、检验、测试及全样本回归曲线

2. 三大经济分区层面经济型环境规制政策变动情景下农业绿色技术进步对碳排放强度影响的模拟结果分析

（1）东部地区经济型环境规制政策变动情景下农业绿色技术进步对碳排放强度影响的模拟结果分析。图 7 - 28a 是东部地区经济型环境规制政策变动情景下农业绿色技术进步对碳排放强度影响的预测结果的各样本仿真输出与实际期望输出二者的拟合结果，图 7 - 29a 是训练、检验、测试及回归曲线图。图 7 - 28a 中，2030 年东部地区经济型环境规制政策高速情景下农业碳排放强度值约为 90 千克/万元，与 2020 年和 2000 年农业碳排放强度值 135 千克/万元和 346 千克/万元相比可知，约下降 33.33% 和 73.99%。2030 年经济型环境规制政策基准情景下农业碳排放强度值为 101 千克/万元左右，与 2020 年和 2000 年农业碳排放强度值 145 千克/万元和 346 千克/万元相比可知，约下降 30.34% 和 70.81%。2030 年经济型环境规制政策低速发展情景下农业碳排放强度值为 140 千克/万元，与 2020 年和 2000 年的农业碳排放强度值 157 千克/万元和 346 千克/万元相比可知，分别约下降 10.83% 和 59.54%。东部地区经济型环境规制政策高速发展情景、基准情景和低速发展情景下的农业碳排放强度值差距最大。可能是因为，东部地区经济水平更高，农业产业转型能力更强，更能适应激进和严格的环保政策。在低速情景下，政府可能采取相对较弱的环保政策。这也间接证明，经济型环境规制政策的碳减排作用效果好。

（2）中部地区经济型环境规制政策变动情景下农业绿色技术进步对碳排放强度影响的模拟结果分析。图 7 - 28b 是中部地区经济型环境规制政策变动情景下农业绿色技术进步对碳排放强度影响的预测结果的各样本仿真输出与实际期望输出二者的拟合结果，图 7 - 29b 是训练、检验、测试及回归曲线图。图 7 - 28b 中，2030 年经济型环境规制政策高速发展情景下农业碳排放强度值约为 156 千克/万元，与 2020 年和 2000 年农业碳排放强度值 200 千克/万元和 403 千克/万元相比可知，约下降 22.00% 和 61.29%。2030 年经济型环境规制政策基准情景下农业碳排放强度值为 157 千克/万元左右，与 2020 年和 2000 年农业碳排放强度值 206 千克/万元和 403 千克/万元相比可知，约下降 23.79% 和 61.04%。2030 年经济型环境规制政策低速发展情景下农业碳排放强度值为 159 千克/万元，与 2020 年和 2000 年的农业碳排放强度值 210 千克/万元和 403 千克/万元相比可知，分别约下降 24.29% 和 60.55%。经济型环境规制政策高速发展情景下的农业碳排放强度值呈"极速—平缓"下降趋势，并在 2025 年基本达到最低值。此外，中部地区经济型环境规制政策的农业碳排放强度值下降率最低。可能的原因是，中部地区的农业产业结构可能相对碳密集，即相对依赖高碳排放的农业生产方式。如果农业产业结构难以调整，那么减少碳排放强度的难度可能较大，导致下降率较低。

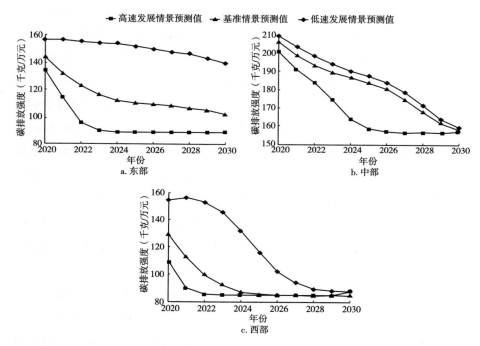

图 7-28　经济型环境规制政策变动情景下农业绿色技术进步对碳排放强度的模拟结果

（3）西部地区经济型环境规制政策变动情景下农业绿色技术进步对碳排放强度影响的模拟结果分析。图 7-28c 是西部地区经济型环境规制政策变动情景下农业绿色技术进步对碳排放强度影响的预测结果的各样本仿真输出与实际期望输出二者的拟合结果，图 7-29c 是训练、检验、测试及回归曲线图。图 7-28c 中，2030 年经济型环境规制政策高速发展情景下农业碳排放强度值约为 90 千克/万元，与 2020 年和 2000 年农业碳排放强度值 110 千克/万元和 374 千克/万元相比可知，约下降 18.18% 和 75.94%。2030 年经济型环境规制政策基准情景下农业碳排放强度值为 87 千克/万元左右，与 2020 年和 2000 年农业碳排放强度值 130 千克/万元和 374 千克/万元相比可知，约下降 33.08％和 76.74％。2030 年经济型环境规制政策低速发展情景下农业碳排放强度值约为 90 千克/万元，与 2020 年和 2000 年的农业碳排放强度值 155 千克/万元和 374 千克/万元相比可知，分别约下降 41.94％和 75.94％。西部地区经济型环境规制政策的碳排放强度发展趋势基本一致。

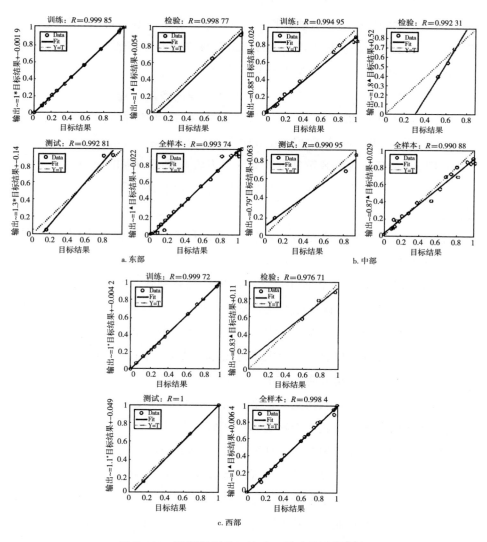

图 7-29　预测的训练、检验、测试及回归曲线

此外，西部地区经济型环境规制政策的农业碳排放强度值下降率最大。可能是因为，西部地区具有"后发"效应，其农业产业结构方面更为灵活，更容易引入新兴和先进的农业生产方式，更适应低碳农业经济发展模式，降低农业碳排放强度的难度可能较小。

3. 两大粮食分区层面经济型环境规制政策变动情景下农业绿色技术进步对碳排放强度影响的模拟结果分析

（1）粮食主产区经济型环境规制政策变动情景下农业绿色技术进步对碳排放强度影响的模拟结果分析。图 7－30a 是粮食主产区经济型环境规制政策变动情景下农业绿色技术进步对碳排放强度影响的预测结果的各样本仿真输出与实际期望输出二者的拟合结果，图 7－31a 是训练、检验、测试及回归曲线图。图 7－30a 中，2030 年经济型环境规制政策高速变动情景下农业碳排放强度值约为 98 千克/万元，与 2020 年和 2000 年农业碳排放强度值210 千克/万元和 386 千克/万元相比可知，约下降 53.33％和 74.61％。2030 年经济型环境规制政策基准变动情景下农业碳排放强度值为 132 千克/万元左右，与 2020 年和 2000 年农业碳排放强度值 210 千克/万元和 386 千克/万元相比可知，约下降 37.14％和 65.80％。2030 年经济型环境规制政策低速变动情景下农业碳排放强度值为 132 千克/万元，与 2020 年和 2000年的农业碳排放强度值 210 千克/万元和 386 千克/万元相比可知，分别约下降 37.14％和 65.80％。粮食主产区经济型环境规制政策情景下农业碳排放强度值下降率最高。可能的原因是，首先，粮食主产区可能面临更为激烈的市场竞争，而消费者对于绿色产品的需求可能更为显著。为了适应市场需求，农业生产者更愿意引入和应用绿色技术，提高产品的环保属性。其次，粮食主产区的产业结构可能相对单一，主要以粮食生产为主，因此，引入绿色技术可能更直接地影响到主导产业，使得碳排放强度敏感度更高。此外，粮食主产区的农民对农业生产有更深的了解，并且更关注提高产量和效益，更容易接受新技术和新理念，推动绿色技术的快速应用。

（2）非粮食主产区经济型环境规制政策变动情景下农业绿色技术进步对碳排放强度影响的模拟结果分析。图 7－30b 是非粮食主产区经济型环境规制政策变动情景下农业绿色技术进步对碳排放强度影响的预测结果的各样本仿真输出与实际期望输出二者的拟合结果，图 7－31b 是训练、检验、测试及回归曲线图。图 7 - 30b 中，2030 年经济型环境规制政策高速发展情景下农业碳排放强度值约为 107 千克/万元，与 2020 年和 2000 年农业碳排放强度值 133 千克/万元和 364 千克/万元相比可知，约下降 19.55％和 70.60％。2030 年经济型环境规制政策基准情景下农业碳排放强度值为 109 千克/万元左右，与 2020 年和 2000 年农业碳排放强度值 142 千克/万元和 364 千克/万元相比可知，约下降 23.24％和 70.05％。2030 年经济型环境规制政策低速发展情景下农业碳排放强度值为 120 千克/万元，与 2020 年和 2000 年的农业碳排放强度值 149 千克/万元和 364 千克/万元相比可知，分别约下降 19.46％和67.03％。非粮食主产区的经济型环境规制政策高速发展情景、基准情景和低速发展情景下的农业碳排放强度值差距较大。可能是因为，政府在非粮食主产区推动农业从业者接受培训和教育，降低农业生产者对新技术的风险认知，提高其使用绿色技术的能力，更易降低农业碳排放强度值。同时，非粮食主产区更容易倡导农业生产者之间的合作与共享机制，促进农业绿色技术的集体推广和应用，降低农业生产者单独采用新技术的成本，提高技术普及程度。

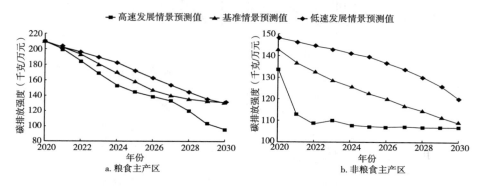

图 7 - 30　经济型环境规制政策变动情景下农业绿色技术进步对碳排放强度的模拟结果

　　整体来看，这些趋势反映了不同区域在经济型环境规制政策变动下，对农业碳排放强度的影响差异。东部地区在各情景下的差异较为明显，而西部地区在政策推动下的农业碳排放强度下降率最为显著。粮食主产区在经济型环境规制政策下更加注重绿色技术的应用，而非粮食主产区在不同变动情景下的农业碳排放强度值存在较大的差距。为有效实现农业碳减排，在今后的发展过程中，可能需要以下举措：一是，制定差异化政策。针对不同区域的特点，可以制定差异化的经济型环境规制政策。根据东、西部地区和粮食、非粮食主产区的差异，调整政策目标、补贴形式和力度，以更精准地促进农业碳排放强度的降低。二是，强化技术支持。针对低速发展情景下的区域，可以加大对农业绿色技术的研发和推广力度。提供更多的技术培训、科研经费支持，鼓励农业生产者采用更为环保的生产方式。三是，加强监测和评估。建立健全的监测体系，及时收集和评估不同区域的农业碳排放数据。通过持续地监测，政府能够更好地了解政策的实施效果，及时调整和优化政策。四是，提高农民环保意识。针对各区域，加强宣传和培训，提高农民对于环保和绿色农业的认知水平。激发农民的环保意识，使其更加主动地参与到降低碳排放强度的行动中。五是，建立合作。促进各区域之间的合作，推动先进的农业技术和经验在不同地区之间的分享。合作，可以加速绿色技术的传播和推广，实现更广泛的碳排放强度降低。

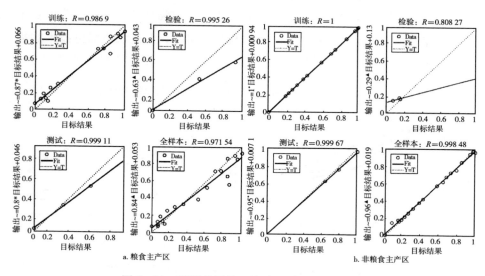

图 7 - 31　预测的训练、检验、测试及回归曲线

（四）行政型环境规制政策情景下农业绿色技术进步对碳排放强度影响模拟与实证结果分析

1. 全国层面行政型环境规制政策变动情景下农业绿色技术进步对碳排放强度影响的模拟结果分析

图 7 - 32 是全国层面行政型环境规制政策变动情景下农业绿色技术进步对碳排放强度影响的预测结果的各样本仿真输出与实际期望输出二者的拟合

结果，图 7-33 是训练、检验、测试及全样本回归曲线图。图 7-32 中，2030 年行政型环境规制政策高速发展情景下农业碳排放强度值约为 95 千克/万元，与 2020 年和 2000 年农业碳排放强度值 158 千克/万元和 373 千克/万元相比可知，约下降 39.87％和 74.53％。2030 年行政型环境规制政策基准情景下农业碳排放强度值为 95 千克/万元左右，与 2020 年和 2000 年农业碳排放强度值 155 千克/万元和 373 千克/万元相比可知，约下降 38.71％和 74.53％。2030 年行政型环境规制政策低速发展情景下农业碳排放强度值约为 140 千克/万元，与 2020 年和 2000 年的农业碳排放强度值 167 千克/万元和 373 千克/万元相比可知，分别约下降 16.17％和 62.47％。

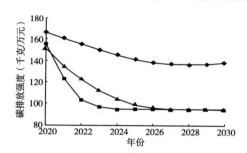

图 7-32　行政型环境规制政策变动情景下农业绿色技术进步对碳排放强度的模拟结果

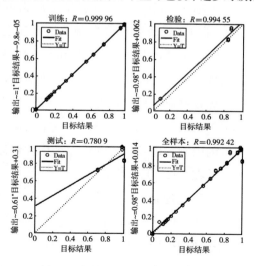

图 7-33　预测的训练、检验、测试及全样本回归曲线

在 2025 年，全国层面行政型环境规制政策的高速发展情景和基准情景下基本达到农业碳排放强度的最低值，而低速发展情景下下降率较低，这说明不同行政型环境规制政策力度下的碳减排效果差异较大，间接表明行政型环境规制政策对绿色低碳的作用效应较强。

2. 三大经济分区层面行政型环境规制政策变动情景下农业绿色技术进步对碳排放强度影响的模拟结果分析

（1）东部地区行政型环境规制政策变动情景下农业绿色技术进步对碳排放强度影响的模拟结果分析。图 7－34a 是东部地区行政型环境规制政策变动情景下农业绿色技术进步对碳排放强度影响的预测结果的各样本仿真输出与实际期望输出二者的拟合结果，图 7－35a 是其训练、检验、测试及回归曲线图。图 7－34a 中，2030 年东部地区行政型环境规制政策高速发展情景下农业碳排放强度值约为 90 千克/万元，与 2020 年和 2000 年农业碳排放强度值 140 千克/万元和 346 千克/万元相比可知，约下降 35.71％和 73.99％。2030 年行政型环境规制政策基准情景下农业碳排放强度值为 95 千克/万元左右，与 2020 年和 2000 年农业碳排放强度值 155 千克/万元和 346 千克/万元相比可知，约下降 38.71％和 72.54％。2030 年行政型环境规制政策低速发展情景下农业碳排放强度值为 130 千克/万元，与 2020 年和 2000 年的农业碳排放强度值 159 千克/万元和 346 千克/万元相比可知，分别约下降18.24％和 62.43％。东部地区行政型环境规制政策高速发展情景下农业碳排放强度呈"极速—平缓"下降的特征，且在 2025 年农业碳排放强度值降到最低。这说明农业碳排放强度在政策冲击初期迅速调整，初期的冲击往往能够取得显著的效果，导致农业碳排放强度迅速下降。然而，随着时间的推移，由于技术和设施更新有限、农业生产周期、成本效益、市场竞争压力和政策执行监管力度因素的限制，以及技术和产业结构优化逐渐趋于稳定，下降趋势逐渐趋于平缓，并在 2025 年到最低值。

（2）中部地区行政型环境规制政策变动情景下农业绿色技术进步对碳排放强度影响的模拟结果分析。图 7－34b 是行政型环境规制政策变动情景下农业绿色技术进步对碳排放强度影响的预测结果的各样本仿真输出与实际期望输出二者的拟合结果，图 7－35b 是其训练、检验、测试及回归曲线图。图 7－34b 中，2030 年行政型环境规制政策高速发展情景下农业碳排放强度值约为 141 千克/万元，与 2020 年和 2000 年农业碳排放强度值 193 千克/万元和 403 千克/万元相比可知，约下降 26.94％和 65.01％。2030 年行政型环境规制政策基准情景下农业碳排放强度值为 138 千克/万元左右，与 2020 年和 2000 年农业碳排放强度值 198 千克/万元和 403 千克/万元相比可知，约下降 30.30％和 65.76％。2030 年行政型环境规制政策低速发展情景下农业碳排放强度值约为 170 千克/万元，与 2020 年和 2000 年的农业碳排放强度值 201 千克/万元和 403 千克/万元相比可知，分别约下降 15.42％和 57.82％。中部地区行政型环境规制政策高速发展情景和基准情景下农业碳排放强度呈"极速—平缓—极速"下降的特征。这说明初期政策冲击下，政府可能采取了一系列激进的环保政策，推动农业产业在初期迅速调整。这可能包括技术创新支持、碳排放标准、补贴措施等。这些政策在初期会产生强烈的冲击，导致农业碳排放强度迅速下降，呈现"极速"下降的特征。随着时间推移，技术创新和采用速度可能受到一些因素的制约，初期的技术创新和采用速度可能逐渐减缓，导致碳排放强度下降速度逐渐趋缓，呈现"平

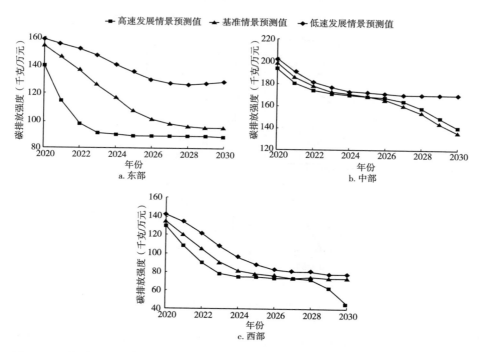

图 7-34　行政型环境规制政策变动情景下农业绿色技术进步对碳排放强度的模拟结果

缓"下降的特征。随着政策实施的深入，政府可能根据实际情况进行政策的调整。这可能包括对一些初期政策的调整和优化，也可能包括加大对一些特定领域的环保力度。这类政策调整可能再次激发农业产业领域的环保行为，产生第二波的"极速"下降。

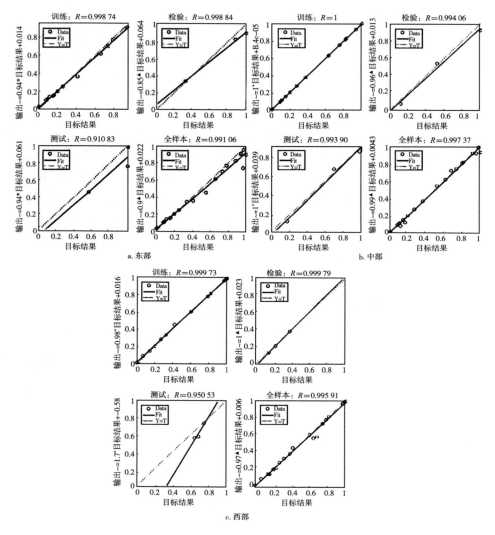

图 7 - 35　预测的训练、检验、测试及回归曲线

（3）西部地区行政型环境规制政策变动情景下农业绿色技术进步对碳排放强度影响的模拟结果分析。图 7 - 34c 是西部地区行政型环境规制政策变

动情景下农业绿色技术进步对碳排放强度影响的预测结果的各样本仿真输出与实际期望输出二者的拟合结果，图7-35c是其训练、检验、测试及回归曲线图。图7-34c中，2030年行政型环境规制政策高速发展情景下农业碳排放强度值约为45千克/万元，与2020年和2000年农业碳排放强度值130千克/万元和374千克/万元相比可知，约下降65.38%和87.97%。2030年行政型环境规制政策基准情景下农业碳排放强度值为78千克/万元左右，与2020年和2000年农业碳排放强度值135千克/万元和374千克/万元相比可知，约下降42.22%和79.14%。2030年行政型环境规制政策低速发展情景下农业碳排放强度值为80千克/万元，与2020年和2000年的农业碳排放强度值142千克/万元和374千克/万元相比可知，分别约下降43.66%和78.61%。在三种情景下，西部地区行政型环境规制政策农业碳排放强度呈"极速—平缓"下降的特征，且下降率最高。可能的原因是，西部地区政府更容易采取全面的政策措施，包括环保标准的提高、补贴政策的实施、技术创新的推动等，以推动农业产业降低碳排放强度。西部地区的行政型环境规制政策力度的强大是农业碳排放强度下降幅度最大的关键因素之一。

3. 两大粮食分区层面行政型环境规制政策变动情景下农业绿色技术进步对碳排放强度影响的模拟结果分析

（1）粮食主产区行政型环境规制政策变动情景下农业绿色技术进步对碳排放强度影响的模拟结果分析。图7-36a是粮食主产区行政型环境规制政策变动情景下农业绿色技术进步对碳排放强度影响的预测结果的各样本仿真输出与实际期望输出二者的拟合结果，图7-37a是其训练、检验、测试及回归曲线图。图7-36a中，2030年行政型环境规制政策高速发展情景下农业碳排放强度值约为110千克/万元，与2020年和2000年农业碳排放强度值190千克/万元和386千克/万元相比可知，约下降42.11%和71.50%。2030年行政型环境规制政策基准情景下农业碳排放强度值为129千克/万元左右，与2020年和2000年农业碳排放强度值193千克/万元和386千克/万元相比可知，约下降33.16%和66.58%。2030年行政型环境规制政策低速情景下农业碳排放强度值为132千克/万元，与2020年和2000年的农业碳排放强度值199千克/万元和386千克/万元相比可知，分别约下降33.67%和65.80%。在三种情景下，粮食主产区行政型环境规制政策农业碳排放强度呈"极速—平缓"下降的特征。即使前期推广行政型环境规制政策，但后期的行政型环境规制政策下粮食主产区更依赖传统的农业生产方式，如化肥使用、机械化程度较低等，这些方式可能相对碳密集，难以迅速实现较大程度的碳排放强度降低。

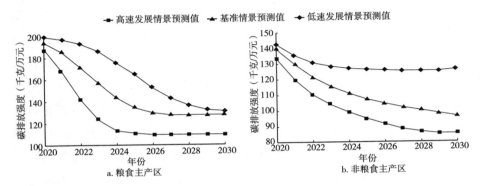

图 7 - 36　行政型环境规制政策变动情景下农业绿色技术进步对碳排放强度的模拟结果

（2）非粮食主产区行政型环境规制政策变动情景下农业绿色技术进步对碳排放强度影响的模拟结果分析。图 7 - 36b 是非粮食主产区行政型环境规制政策变动情景下农业绿色技术进步对碳排放强度影响的预测结果的各样本仿真输出与实际期望输出二者的拟合结果，图 7 - 37b 是其训练、检验、测试及回归曲线图。图 7 - 36b 中，2030 年行政型环境规制政策高速情景下农业碳排放强度值约为 85 千克/万元，与 2020 年和 2000 年农业碳排放强度值 134 千克/万元和 364 千克/万元相比可知，约下降 36.57% 和 76.65%。2030 年行政型环境规制政策基准变动情景下农业碳排放强度值为 98 千克/万元左右，与 2020 年和 2000 年农业碳排放强度值 140 千克/万元和 364 千克/万元相比可知，约下降 30.00% 和 73.08%。2030 年行政型环境规制政策低速发展情景下农业碳排放强度值为 126 千克/万元，与 2020 年和 2000 年的农业碳排放强度值 142 千克/万元和 364 千克/万元相比可知，分别约下降 11.27% 和 65.38%。在高速发展情景和基准情景下，粮食主产区行政型环境规制政策下的农业碳排放强度呈"极速—平缓"下降的特征，且基本一致。在高速发展情景和基准情景下，非粮食主产区行政型环境规制政策下的农业碳排放强度下降速率最低。可能的原因是，粮食主产区的产业结构可能相对稳定，以粮食生产为主导，而这些粮食生产过程可能相对难以通过简单的技术创新或结构调整实现较大的碳排放强度降低。相比之下，非粮食主产区可能有更多的产业多样性，更容易通过结构调整来降低整体碳排放强度。

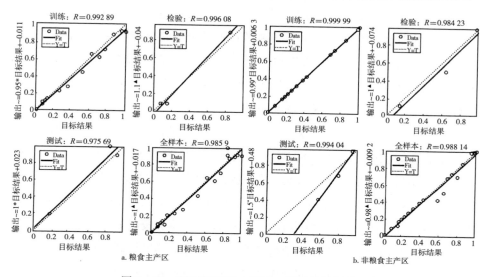

图 7-37　预测的训练、检验、测试及回归曲线

为有效实现农业碳减排，在今后的发展过程中，可能需要以下举措：一是，加强地区协同。促进东部地区与中西部地区的经验和技术的交流合作。借鉴中西部地区成功的经验，推广适用于东部地区的环保措施，实现全国范围内的碳排放强度均衡降低。二是，鼓励农业绿色认证。通过提供认证奖励、市场准入优势等方式，推动农业生产者获得绿色认证，提高其环保意识和责任感。

五、本章小结

本章将利用 BP 神经网络模型，结合情景分析方法设定了三种模拟情景（基准情景、高速发展情景和低速发展情景）动态模拟了不同情景下农业绿色技术进步及其不同类型的未来碳排放强度趋势，对 2000—2030 年全国层面、三大经济分区和两大粮食分区的农业碳排放强度做出分析、判断和预测。研究得出以下结论：

（1）不同农业绿色技术进步水平情景下的农业碳排放强度均在下降，各种情景下的碳排放强度均在下降且差距不大。特别是，农业绿色技术进步低速发展情景下碳排放强度基本处于下降的状态，这说明了碳排放强度下降的趋势不可逆。同时，到 2030 年，高情景和基准情景均可实现 2030 年单位国内生产总值 CO_2 排放比 2005 年下降 65％以上的目标。

（2）从时空角度看，全国及各地区各种情景下的碳排放强度均在下降且差距不大。未来各地区的碳排放强度下降排序为西部＞东部＞中部，粮食主产区＞非粮食主产区。全国及各地区的农业绿色技术进步及其不同类型的碳排放强度大多呈"急速下降—缓慢下降"状态。

（3）从类型角度看，环境友好型农业绿色技术进步（ACGTP）比资源节约型农业绿色技术进步（AEGTP）的碳强度下降值高。同时，在绿色技术存在类型偏向的情况下，环境友好型农业绿色技术进步（ACGTP）下的碳排放强度在 2024 年后基本处于缓慢下降状态，而资源节约型农业绿色技术进步（AEGTP）下的碳强度在 2026 年后基本处于缓慢下降状态。

（4）在财政支农政策、农业价格政策、经济型环境规制政策和行政型农业支出政策等多政策情景下农业碳排放强度下降趋势不可逆转。三种财政支农政策变动情景下，中部农业碳排放强度下降率最低，而西部的下降率最高。三种农业价格政策变动情景下的农业碳排放强度走势基本一致，农业价格政策碳减排作用不明显。三种政策变动情景下东部地区经济型环境规制政策下的农业碳排放强度值差距最大，而西部的农业碳排放强度值下降率最大。东部地区行政型环境规制政策高速发展情景下农业碳排放强度呈"极速—平缓"下降的特征，与低速发展和基准情景的差值较大，而三种情景下中西部走势基本一致。

第八章　结论、政策建议与未来展望

一、研究结论

首先，以农业绿色技术进步理论、低碳农业理论、可持续发展理论等为基础，并结合国内外已有研究成果，本书对农业碳排放和农业绿色技术进步及其不同类型的概念内涵与实现逻辑进行了界定和分析，构建了农业绿色技术进步对碳排放强度影响的理论分析框架。其次，分析了农业绿色技术进步对碳排放的影响及其机制，进而从理论层面落实到实践层面，对中国农业绿色技术进步和农业碳排放进行测度及影响因素探讨，基于测度分析结果实证检验了农业绿色技术进步及其不同类型对农业碳排放影响的直接和中介效应，进一步分析了其碳减排的效应。最后，采用BP神经网络方法仿真模拟预测了不同情景下农业绿色技术进步及其不同类型对碳排放强度影响的动态变化，进一步预判了中国区域农业碳排放强度在农业绿色技术进步背景下受到的影响。通过以上理论和实证分析，本书得到如下主要结论：

（一）农业绿色技术进步整体提升，且存在空间关联性

（1）从时空视角看，时间维度上的中国农业绿色技术进步及其不同类型整体呈上升状态，集中程度下降，地区差异呈拉大的发展趋势。空间维度上，全局层面的农业绿色技术进步及其不同类型的空间自相关检验结果部分显著，高-高聚集区主要集中在华北、华东，低-低聚集区主要集中在西北和西南地区。

（2）从类型角度看，农业绿色技术进步及其不同类型的时空发展格局有一定差异。农业绿色技术进步（AGTP）聚集显著性水平更高，聚集区域较为集中，其高-高聚集区主要在华北、华东和华南等地，低-低聚集区主要在

西北和西南等地。资源节约型农业绿色技术进步的高-高聚集地区主要在东部沿海，低-低聚集区主要在南方地区。环境友好型农业绿色技术进步的高-高聚集地区主要在华东地区，低-低聚集区则在西北和西南地区。

（二）农业碳排放强度呈不断下降趋势，存在空间聚集但不存在收敛性

（1）从时间角度看，2000—2019 年中国农业碳排放总量呈波动上升趋势，不同时间内呈"波动上升—缓慢下降"的变化趋势，并且在 2015 年的全国、中西部地区、两大粮食分区和 2007 年的东部地区出现了一波农业的碳排放峰值。农业碳排放强度呈不断下降趋势，不同时间段内的变化趋势呈"平稳下降—急速下降—波动下降"的状态。在全国层面、东中西部三大经济分区和粮食主产区、非粮食主产区两大粮食分区的 2019 年中国农业碳排放强度平均值分别比 2005 年降低了 49.07％、51.56％、41.77％、55.21％、44.66％和 52.91％。这充分肯定了农业碳减排政策的积极作用。

（2）从空间角度看，三大经济分区和两大粮食分区的农业碳排放发展趋势各有不同。其中，中部地区的农业碳排放最高，东部和西部地区的农业碳排放水平低于全国平均水平，粮食主产区的碳排放高于全国平均水平。农业碳排放强度的区域差距较大，华北地区是高碳排放强度主要聚集地区，华中和华东地区是较高碳排放强度的聚集地区，并且碳排放区域间呈"异质化"的状态。

（3）从收敛角度看，2000—2019 年农业碳排放强度的绝对差距在缩小后逐步扩大，且不存在 σ 收敛、绝对 β 收敛和条件 β 收敛，即农业碳排放强度不存在差异缩小，反而呈区域差异扩大的趋势。各地区要实现真正意义上的协调、平衡发展以呈现出"追赶效应"或条件收敛趋势还有较长的一段路要走。本书认为三大经济分区层面碳排放的变化趋势与地区发展阶段及经济增长方式等密切相关，两大粮食分区则与农业生产活动有关。

（三）不同类型农业绿色技术进步对碳排放的作用路径效果不一

（1）从作用机理看，全国和分地区的农业绿色技术进步及其不同类型对碳排放强度的直接效应为负但不完全显著，中介效应不完全显著且影响系数有正有负，中介路径显著性效果排序大致为农业要素投入结构（ES）路径＞农业要素投入效率（EE）路径＞农业要素投入效率（EE）与农业要素投入结构（ES）联动路径，且直接效应均大于中介效应。中国农业碳排放强度降低主要是由于要素投入结构性变化，要素投入效率提高对降低农业能源强度的影响有限。

（2）从区域角度看，直接效应角度下，各地区农业绿色技术进步及其不同类型对碳排放影响的直接效应不完全显著，且区域排序：东部＞中部＞西部，粮食主产区＞非粮食主产区。中介效应角度下，农业绿色技术进步及其不同类型中介效应不完全显著，东部地区的中介效应显著高于中西部，非粮食主产区的中介效应比粮食主产区更显著。

（3）从类型角度看，环境友好型农业绿色技术进步（ACGTP）的直接效应、中介效应均显著大于资源节约型农业绿色技术进步（AEGTP）。农业绿色技术进步及其不同类型通过农业要素投入结构（EE）路径的中介效应显著为负，而通过农业要素投入结构（ES）路径和农业要素投入效率（EE）与农业要素投入结构（ES）联动路径的中介效应有正有负。这与地区资源禀赋等差异有关。

（四）农业绿色技术进步的碳减排效应存在时空异质性

（1）从时空角度看，分时间看，农业绿色技术进步的碳减排效应指数在0.4～0.9，且基本呈增大趋势。各地区农业绿色技术进步（AGTP）碳减排效应的增长变动趋势基本一致，并且以2004年和2010年为节点，农业绿色技术进步碳减排效应呈现出"慢—快—慢"阶段性的变动趋势。分地区看，各地区农业绿色技术进步（AGTP）碳减排效应的区域排序：东部＞中部＞西部，粮食主产区＞非粮食主产区。

（2）分类型看，环境友好型农业绿色技术进步（ACGTP）比资源节约型农业绿色技术进步（AEGTP）的碳减排效应更高。同时，不同类型农业绿色技术进步的碳减排效应呈"保持稳定—急速下降—稳步上升"的状态。分区域下的不同类型农业绿色技术进步碳减排效应发展趋势基本一致，且与农业绿色技术进步（AGTP）的碳减排效应差异明显。其中，资源节约型农业绿色技术进步（AEGTP）的碳减排效应区域排序：中部＞东部＞西部，粮食主产区＞非粮食主产区。环境友好型农业绿色技术进步（ACGTP）的碳减排效应区域排序：东部＞中部＞西部，粮食主产区＞非粮食主产区。其次，三大经济分区下不同类型农业绿色技术进步的碳减排效应有差异，前期东部的农业绿色技术的碳减排效应最高，后期中部的农业绿色技术碳减排效应最高。两大粮食分区的不同类型农业绿色技术进步的碳减排趋势基本一致。

（五）农业碳排放强度预测值均在下降，可完成碳强度减排目标

（1）不同农业绿色技术进步水平情景下的农业碳排放强度均在下降，各种情景下的碳排放强度均在下降且差距不大。特别是，农业绿色技术进步低速发展情景下碳排放强度基本处于下降的状态，这说明了碳排放强度下降的趋势不可逆。同时，到2030年，高情景和基准情景均可实现2030年单位国内生产总值CO_2排放比2005年下降65％以上的目标。

（2）从时空角度看，从时空来看，全国及各地区各种情景下的碳排放强度均在下降且差距不大。未来各地区的碳排放强度下降排序：西部＞东部＞中部，粮食主产区＞非粮食主产区。全国及各地区的农业绿色技术进步及其不同类型的碳排放强度大多呈"急速下降—缓慢下降"状态。

（3）从类型角度看，环境友好型农业绿色技术进步（ACGTP）比资源节约型农业绿色技术进步（AEGTP）的碳强度下降值高。同时，在绿色技术进步存在类型偏向的情况下，环境友好型农业绿色技术进步（ACGTP）下的碳排放强度在2024年后处于缓慢下降状态，而资源节约型农业绿色技术进步（AEGTP）下的碳强度在2026年后基本处于缓慢下降状态。

（六）各影响因素在农业绿色技术进步对碳排放强度作用中存在显著差异

（1）从农业碳排放强度的空间收敛性影响因素来看，基期农业碳排放强度显著促进滞后期内农业碳排放强度的提升。全国层面的城镇化水平（City）、农业价格政策（PP）、财政支农政策（FIN）、经济型环境规制（EPR）、行政型环境规制（CER）、农业要素投入效率（EE）、农业要素投入结构（ES）均显著抑制农业碳排放强度的上升。但农民可支配收入（PIC）在东部和非粮食主产区显著降低但在中部和粮食主产区地区显著增加农业碳排放强度。

（2）从农业绿色技术进步及其不同类型的空间溢出效应来看，城镇化水平（City）、农业技术人员（TEAN）、财政支农政策（FIN）、行政型环境规制（CER）和经济型环境规制（EPR）对本地和周边地区的农业绿色技术进步及其不同类型的影响方向相反，即对本地有负向影响时，对周边地区有正向影响。农民可支配收入（PIC）对本地及周边地区农业绿色技术进步具有正向影响，但是对本地及周边地区不同类型绿色技术进步具有相反方向的影响。从类型角度看，各影响因素对资源节约型农业绿色技术进步（AEGTP）比环境友好型农业绿色技术进步（ACGTP）的空间溢出效应更显著。

（3）从农业绿色技术进步及其不同类型的碳减排效应的各影响因素可知，农业绿色技术进步及其不同类型的减排效应是确定的，但各影响因素对农业绿色技术进步及其不同类型的碳减排效应作用不确定。其中，城镇化水平（City）、农业价格政策（PP）会增加农业绿色技术进步及其不同类型的碳减排效应阻碍力。农民可支配收入（PIC）、行政型环境规制（CER）会减少农业绿色技术进步及其不同类型的碳减排效应阻碍力。农业技术人员（TEAN）和经济型环境规制（EPR）对农业绿色技术进步及其不同类型的碳减排效应阻碍力因技术类别偏向而略有差异。

二、政策建议

基于上述研究结论，本书针对不同类型和时空异质性下农业碳排放的问题分别提出如下几点对策建议，以期为中国农业碳减排提供依据支持与参考。

（一）重视农业绿色技术进步的空间关联性，优化绿色技术成长经济环境

各地的农业绿色技术及不同类型存在空间关联性。同时，由于目前中国地区间绿色技术发展不平衡，各地区的经济结构、要素禀赋等异质性，农业绿色技术发展存在地区间的差异。因此，政策设计要避免"一刀切"。

政府在制定有关农业绿色发展的政策时，需要依据不同区域的特点进行分类处理。重点加强低-低聚集区的发展，严格把控低-高聚集区和高-低聚集区，持续推进高-高聚集区的发展，并加强各地区农业绿色发展的联系，从而推动中国农业绿色技术的进步。从前文可知，农业绿色技术进步的聚集特征极为明显，大部分省份与位置相邻或经济发展水平接近省份表现出相似的集聚特征。高-高聚集区主要集中在华北、华东地区，低-低聚集区主要集中在西北和西南地区。影响农村居民收入水平高低的因素包括先进农业生产技术的选择、推广应用和农业资源的利用效率等。经济发达的华北、华东具有较强的经济实力，并且以经济水平为契机实现生产方式向绿色生产转型，各类政策对其影响有限。相反，经济欠发达的西北和西南地区技术水平较低，生产方式较为传统，绿色生产方式会缩小其经济规模，使得这些地区整体农业经济运行受到冲击。

因此，一方面，各地区应依据自身经济基础评价其绿色发展的承受力，根据自身实际情况制定相应的环境保护政策。另一方面，环境保护和绿色生产技术开发应加强地区间交流合作。在经济基础较好的地区，可以实施较为严格的环保政策；在经济实力较弱、技术水平较低的地区，可以根据自身的承受能力，实施较为宽松的环保政策。通过加强环保政策差异较大地区之间农业绿色技术进步的空间关联，以间接促进欠发达地区绿色技术的进步，推动技术研发方向由污染型向绿色型转变，进而实现农业绿色技术的进步。

最后，在发展绿色技术，实现技术进步向由污染向绿色转变的同时，我们也应看到，以绿色技术替代污染技术会对经济增长暂时产生不利影响。比如，前文得出农村居民可支配收入对本地绿色技术进步或其不同类型具有抑制作用，但是对周边地区绿色技术进步或其不同类型具有提升作用。因此，加强保护本地农户绿色技术创新、推广和应用的权益，缩短其研发、应用推广地区的周期，并继续推进周边地区获益是一个重要的问题。同时，我们应该客观地看待农业绿色技术进步对经济增长的负面影响，不能片面地否定农业绿色技术进步的影响。我们要看到绿色技术生产能力追赶乃至超越污染技术是注定会实现的。绿色生产与经济增长之间存在协调发展的可能。大力推动技术进步方向由污染技术向绿色技术转变，从长远来看有利于我国经济的健康发展。

（二）重视农业碳排放的区域差异，制定科学合理的区域减排政策

农业碳排放的区域间差异是影响区域总差异的首要因素。鉴于各区域经济社会发展水平、资源环境条件以及碳排放水平和减排效率水平差异，可根据不同区域、不同时期的实际情况制定相应的减排规划、路线图。农业的创新驱动发展战略应与区域特点发展相结合，合理布局农业碳减排发展战略，形成梯度竞争、相互融合的策略，以减少区域间差异。一是要在碳减排效应指数最高的东部地区继续加强研发技术的改进和研发能力的提升。地方政府要依靠自身良好的农业产业创新基础、先进的科技水平和充裕的资金支持来吸引集聚高端技术、人才。同时，通过制定科技奖励政策，提高创新技术的利用程度，并调整规模布局，促使农业良性发展。然后，东部也要为其他经济发展区域绿色农业的创新发展提供经验与技术，起到示范引领作用。二是要在碳减排效应较高的西部地区，注意资源消耗多、农业技术简单落后、经

济效益较低、农业投入产出率不高等问题。加大农业绿色技术创新投资，加强农业绿色技术研发，加快农业发展绿色升级。同时，西部在发展过程中要注意生态环境破坏严重的问题，坚决抵制走"先发展后治理"的老路。三是要在农业碳排放强度最高的中部和粮食主产地区积极探索农业的创新发展规律，结合区域自身种植业集中的力量，发展规模产业，增加规模效应，降低生产的边际成本。不要通过简单地降低农业生产规模、投入生产要素等方式进行碳减排，而应通过主动吸收其他经济发达区域的成功经验，加强与东部以及非粮食主产区的沟通交流，改变传统农业发展模式。

农业碳排放区域内依然存在显著差异。中东部地区的内部差异比西部地区高，粮食主产区比非粮食主产区的内部差异大。第一，中部地区的吉林、河南、湖南、黑龙江等地是主要的粮食主产区，是以高碳排放的种植业为主要的农业产业结构的省份，具有保障国家粮食安全的功能。而山西、内蒙古等地资源禀赋较差，种植业结构单一。中部地区各省份存在显著差异。吉林、内蒙古、黑龙江的碳排放强度最高，农业生产的环境代价较大，如何降低农业投入的碳排放是这些省份需要重点考虑的问题。特别是，吉林的碳排放强度呈上升趋势，这与其他省份的发展趋势相背离。吉林省应该继续坚定实施"化肥零增长"和"农药零增长"的方案，促进农业向绿色和高质量发展。此外，分地理区域看，华南地区的经济发展水平高，而华中地区自然资源环境压力大、生态环境资源相对匮乏。在保障粮食安全生产的功能下，华南地区应增加对农业绿色技术进步的创新激励政策，华中地区应该增加对生态环境的资本投入。第二，东部地区的碳排放量虽然远不及中部粮食主产区的碳排放量，但是区域内部的异质性也比较高。东部应加强内部合作，建立信息交流平台，加强沟通协调，发挥区位内的经济、技术、人才等资源优势。第三，西部地区的内部差异系数一直最低，说明西部区域内差异不大。西部地区的碳减排政策应该是维持目前的稳定性。在资源辽阔的背景下，不同地区的自然环境、经济发展水平、农业路径依赖均存在差异，所以在研究碳减排政策时我们需要避免区域内绿色发展政策和措施同质化的问题。

最后，针对农业碳减排和农业绿色技术进步的区域差异，各区域要因地制宜形成有差别的农业绿色发展政策。不仅要建立农业政策的区域协同治理体系，促进区域农业碳减排监管的一体化与规范化，提升区域农业种植对绿色农业发展政策的响应度。还要建立基于区域能源—环境—经济系统的农业碳排放的动态变化监控体系，并基于农业碳排放关键影响因素，设定农业内部结构、农业经济发展水平、城镇化水平、行政型环境规制和经济型环境规制等因素的不同等级标准，综合考虑各个区域碳排放影响因素的变动情况，建立降低碳排放的能力矩阵，制定更加具有指导性的农业碳减排方案。

（三）系统识别农业绿色技术进步的不同类型，分类型提升技术减排效果

技术进步是引领未来农业发展的重要驱动因素，绿色技术进步是绿色低碳农业发展的重要保障。系统识别不同类型的农业绿色技术进步，厘清绿色技术的碳减排效应发展与演变特征，并依据不同地区和时间趋势选择合适的技术，对推动绿色技术创新发展和农业碳减排具有重要意义。其中：

资源节约型农业绿色技术进步对碳排放的影响显著为负，是协调经济增长与资源环境矛盾的有效载体，也是促进中国经济增长、资源节约和环境保护协调发展的有效途径之一。农业生产采取资源节约型农业绿色技术进步生产方式，能提高农业技术效率、实现农业规模效率和改善农业生态环境，并实现绿色农产品生产的实质性发展。从区域视角看，中部和粮食主产区资源节约型农业绿色技术进步的碳减排效应最高。在中部和粮食主产区，作为高种植业生产结构区域，借助循环农业模式，减少各个生产环节的碳排放是重点。首先，在技术自身层面，对秸秆等集中处理，处理秸秆还田；对各地区土地进行测量，因地施肥，减少化肥的过量使用；选育抗病的优良农作物品种或采取生物防治的方式，减少农药的使用，提高农业资源效率。在政策层面，实施农业补贴政策鼓励农业生产者采用资源节约、清洁生产技术，对于农业良种、先进种植节能技术设备等的引进给予优惠或补贴。政府需从完善科研平台，在政策和引导等方面加大对资源节约偏向型技术的供给，加大对资源节约型偏向型技术的研发补贴和激励政策支持，推广资源节约型生产模式。其次，从时间视角看，2026年后，资源节约型农业绿色技术进步的碳减排效应可能会进入"瓶颈期"。因此，我们应从其他政策角度进行调整，以便发挥资源节约型农业绿色技术进步的减排作用，比如，完善环境保护法律法规，优化国家农业价格指导政策，强化农业生产基础设施建设等，降低农业生产成本，从而实现农业碳减排。

环境友好型农业绿色技术进步的减排效应最强。目前国内的各类农药、化肥等生产要素引起的土壤污染、水污染等问题较为突出。这不仅会降低耕地的肥力，削弱耕地生态系统休闲娱乐、生物多样性保护等多项非生产性功能，还会严重威胁到水体安全和人类健康，造成显著的负外部效应。因此，发展污染类环境治理技术是保障区域生态安全、实现农业绿色发展的必经之路。然而，污染治理的公共品属性决定了单纯依靠农业各生产主体自主进行会出现激励不足、治理效率低下等问题。因此，我们需要提高相关责任主体的环保意识与治污能力，引导其主动采取环保型农业生产行为等。例如，重视宣传教育，增强农民及其他利益相关者的生态环保意识，加强对农民的专业技术培训，拓宽农膜、农药瓶回收途径，农业药物与生物制剂、耕地质量提升与保育技术、农业废弃物循环利用技术、农业面源污染治理技术、重金属污染控制与治理技术、农产品低碳减污加工贮运技术、种养加一体化循环技术等技术体系的发展。采用绿色科技，在对已破坏的生态环境进行修复的基础上，提高现有农业生产的科学技术水平，改善生产工艺，并研发农业废弃物循环利用技术，实现"资源—农产品—再生资源"的循环农业发展目标。建立和完善农业生产发展中的环境规制制度，具体规定农业生产过程中的碳排放要求，超标的应接受相应的处罚和教育，对达标的则给予一定奖励，提高企业和农业生产者对农业先进技术的重视程度和接纳意愿。开通污染治理生态补偿投诉中心、举报热线等社会监督渠道。尤其是，在2026年后，环境友好型农业绿色技术进步的碳减排效应可能会进入"瓶颈期"。我们应从其他政策角度进行调整，以便发挥环境友好型农业绿色技术进步的减排作用。

最后，各影响因素对资源节约型农业绿色技术进步比对环境友好型农业绿色技术进步的碳减排效果更显著。政府应加强对资源节约型农业绿色技术进步的政策支持与区域交流与合作，并密切关注环境友好型农业绿色技术进步的相关政策、措施及技术。扩大积极溢出的"辐射"空间范围和强度，通过交流合作，实现碳减排的均衡、整体推进。此外，农业减排相对工业碳减排带来的经济效益和政绩效益显然较低。这可能会造成政府在政策重心和科技研发上投入不足的问题，导致农业生产技术革新往往滞后于其他产业，甚至可能推广不适合本地区的绿色生产技术。因此，我们要在一定的基础上进行绿色技术的碳补偿。针对不同地区农业减碳压力和效率的差异，考虑建立区域之间的碳排放量交易机制，通过调配不同地区碳排放配额和补偿机制设计，实现各区域农业碳排放的均衡发展。其次，政府相关部门应该增加农业碳减排的专业人才储备，避免造成政策制定缺乏科学性和可操作性、流于形式的问题。

（四）适度进行环境规制，促进农业绿色转型

经济型环境规制对不同类型农业绿色技术进步的碳减排效应阻碍力略有差异，我们需要经济型环境规制对农业绿色技术进步的影响由阻碍变为促进作用。针对行政型环境规制对减少农业绿色技术进步及其不同类型的碳减排效应阻碍力不确定性问题，需要提高行政型环境规制政策对传统要素消耗型农业技术向农业绿色技术进步转型的影响力。最大限度地实行经济型环境规制和行政型环境规制等政策的匹配组合，实现农业绿色技术进步的最优化配置。

通过环境规制调节农户感知利益，促进各农业生产主体实现农业绿色技术进步。首先，在农业绿色技术创新和推广上，通过价格补贴、技术补贴和行政补贴等经济型环境规制手段，降低农业绿色技术等投入要素成本，加快农业绿色技术的研发和创新，推广农业绿色技术，提高效率。通过给予适当的经济奖励等手段，降低农业生产主体研发成本、农业绿色技术采用门槛，提高农业生产利润预期，促进农业绿色技术的使用。其次，加强有关农业绿色技术的宣传和引导，并制定合理的约束机制，加强对农业绿色技术的行政型环境规制政策的引导。比如，制定合理的环境执行标准、监管措施和惩罚机制。在绿色农业示范区进行监督，对技术推广和采用等不达标的农业生产主体罚款。对于非绿色示范区的农户，禁止获取农业绿色技术经济奖励的农户在同一生产周期内进行不合理的技术操作。最后，加大环境规制政策的宣传及普及力度，要让环境规制政策深入民心。当前大部分农户的文化水平相对较低，农户获取信息、更新自我认知的深度和广度方面较为不足，而农户在环境规制上认知的缺乏会影响其对环境治理的态度，进而影响其参与治理的积极性。还可以通过在农村开展形式多样的宣传活动，提高环境规制政策的知晓率。

此外，空间异质性下的农业绿色技术进步及不同类型农业绿色技术进步为环境规制的制定与施行也提供了新的思路。首先，因地制宜是国家环境规

制政策得以落实的关键。各级政府也要警惕盲目制定规制政策，要根据本地的特征与行为设计方案，以免造成反效果。另外，对政策执行者素质欠佳，加之激励不足导致的态度不积极使得政策间缺乏协调和配套的创造性，导致机械性执行也要加以规制，动态修正地方政府的行为策略，助推中国省级层面的农业绿色技术进步。同时，我们要关注环境规制下的农业绿色技术进步的空间溢出效应，更好发挥发达地区的带头作用。对于实施环境规制政策良好的地区，可以发挥正向的空间溢出效应，提高相邻地区的绿色技术水平，强化区域之间绿色技术共享，促进区域内绿色技术水平的共同提升。

（五）以环保为切入点，建立长效的财政支农投入机制

经济类因素是影响绿色技术进步碳减排效果的最重要一环。建立更加完善的绿色生产的财政支持政策，通过增加研发补贴，支持具有前瞻性的节能环保技术，提升财政支农在环保上宏观调节的导向性。

首先，财政对农业的支持不仅是资金投入，更是政策的引导及外部环境的建设。农业财政支农政策要以生态环境改善和提升农业生产效益相结合。农业财政支农政策预算要科学规划，要遵循生态经济平衡的原则，以实现自然和经济协调配合、人与自然和谐发展为目的。要采取有力措施坚决执行，让财政支农政策能够真正起到绿色导向的作用。主要是支持农业生态工程建设和传统农业的绿色转型，积极发展生态农业。

其次，提高财政农业环保支出地位，加大财政对发展绿色技术和绿色农业的支持。农业财政支出主要包括：农林水利气象等部门事业费用、农业基础设施建设、农业三项科技费用及农村项目发展补贴等内容。其中，专门用于农业环保的投入并没有说明，需要单独安排相应的农业环保支出列入经常性预算。有研究表明，现有农业支农已不能适应绿色农业发展的需要。政府需要直接投资来解决农业经济的外部性，促进农村生态环境向绿色发展。例如，每年增加的财政收入中有一部分投入农业环境保护预算资金并保持一定比例的增长，具体可以用在农业污染防治、环境监测、自然生态保护和农业环境保护管理等方面。

最后，调整农业财政投入结构。大力支持农业基础设施建设，为发展绿色农业奠定坚实基础。加大生态农业技术的支持力度，转变农业增长方式。建立信息保障体系，为财政投入机制提供决策依据。充分运用"绿箱"政策，转变农业补贴方式。

三、不足与展望

本书为农业绿色技术进步对碳排放强度影响、技术进步与减排之间的有机关系研究，这是一个复杂的课题，具有重要的理论与实际意义。但是，本研究仍然存在一些不足之处，具体如下：

（1）未来研究注重寻找更贴切的指标进行测度。首先，因数据限制，也为规避共同指标的问题，本书参考已有学者研究，仅选取农业面源污染指标作为绿色技术进步非期望产出，存在低估非期望产出的问题，这是本研究不足之一。其次，本书以狭义农业——种植业为研究对象，部分种植业数据难以获得。本书参考相关学者（田云，2015；李谷成，2008）的研究，以种植业总产值占农业总产值的比重作为系数进行对应的核算。在未来的研究中，希望能找到更好的指标进行测度，以提升研究成果的科学性和有效性。

（2）关于碳排放的核算问题。农业碳排放是一个复杂的过程，各地区水土资源等差异大，碳排放存在吸收和排放的区域差异。本书按照平均的系数，采用统一指标系数计算难免产生偏差。未来在微观层面上，对区域碳排放系数进一步补充有一定的必要性。

（3）本书主要从宏观的角度进行机理的分析，但实际上绿色技术进步对碳排放的影响更多是微观层面上行为的改变等。限于数据等原因，本书没有进行微观机制的研究，未来值得进一步探讨。

毕斗斗，方远平，谢蔓，等，2015. 我国省域服务业创新水平的时空演变及其动力机制：基于空间计量模型的实证研究 [J]. 经济地理，35 (10)：139 - 148.

卞晨，初钊鹏，孙正林，2021. 环境规制促进企业绿色技术创新的政策仿真研究 [J]. 工业技术经济，40 (7)：12 - 22.

曹凑贵，李成芳，展茗，等，2011. 稻田管理措施对土壤碳排放的影响 [J]. 中国农业科学 (1)：93 - 98.

曹壮，余康. 2020. 农业结构调整对农业全要素生产率增长的影响效应 [J]. 浙江农林大学学报，37 (2)：357 - 365.

陈军胜，苑丽娟，2005. 免耕技术研究进展 [J]. 中国农学通报，21 (5)：184 - 190.

陈琳，闫明，潘根兴，2011. 南京地区大棚蔬菜生产的碳足迹调查分析 [J]. 农业环境科学学报 (9)：1791 - 1796.

陈儒，邓悦，姜志德，2017. 农业生产项目的综合碳效应分析与核算研究 [J]. 华中农业大学学报（社会科学版）(3)：23 - 34.

陈舜，逯非，王效科，2015. 中国氮磷钾肥制造温室气体排放系数的估算 [J]. 生态学报 (19)：6371 - 6383.

陈宇科，刘蓝天，董景荣，2021. 环境规制工具、区域差异与企业绿色技术创新：基于系统 GMM 和动态门槛的中国省级数据分析 [J]. 科研管理，9：1903.

崔晓，张屹山，2014. 中国农业环境效率与环境全要素生产率分析 [J]. 中国农村经济 (8)：4 - 16.

崔瑜，刘文新，蔡瑜，等，2021. 中国农村绿色化发展效率收敛了吗：基于 1997—2017 年的实证分析 [J]. 农业技术经济 (2)：72 - 87.

戴鸿轶，柳卸林，2009. 对环境创新的一些评论 [J]. 科学学研究，27 (11)：1602 - 1610.

戴小文，漆雁斌，唐宏，2015. 1990—2010 年中国农业隐含碳排放及其驱动因素研究 [J]. 资源科学 (8)：1668 - 1676.

德内拉·梅多斯，乔根·兰德斯，丹尼斯·梅多，2006. 增长的极限 [M]. 李涛，王志勇，译．北京：机械工业出版社．

邓明君，邓俊杰，刘佳宇，2016. 中国粮食作物化肥施用的碳排放时空演变与减排潜力 [J]. 资源科学 (3)：534 - 544.

邓悦，陈儒，徐婵娟，等，2017. 低碳农业技术梳理与体系构建 [J]. 生态经济，33 (8)：8.

邓悦，崔瑜，卢玮楠，等，2021. 市域尺度下中国农业低碳发展水平空间异质性及影响因素：来自种植业的检验 [J]. 长江流域资源与环境，30 (1)：147 - 159.

邓悦，2017. 标准化视角下村域低碳农业发展规划研究 [D]. 杨凌：西北农林科技大学．

邓正华，2013. 环境友好型农业技术扩散中农户行为研究 [D]. 武汉：华中农业大学．

丁姗姗，2017. 中国区域农业绿色技术进步态势及影响因素分析 [D]. 蚌埠：安徽财经大学．

董聪，董秀成，蒋庆哲，等，2018.《巴黎协定》背景下中国碳排放情景预测：基于 BP 神经网络模型 [J]. 生态经济，34 (2)：18 - 23.

杜江，韩科振，吴瑞兵，2021. 国际研发资本技术溢出对农业绿色技术进步的影响 [J]. 统计与决策 (8)：128 - 132.

杜晓君，1994. 政策与农业技术进步 [J]. 农业经济 (3)：26 - 28.

杜艳艳，赵蕴华，2012. 韩国的绿色农业技术发展计划 [J]. 世界农业 (11)：45 - 47.

樊茂清，任若恩，陈高才，2010. 技术变化、要素替代和贸易对能源强度影响的实证研究 [J]. 经济学（季刊）(1)：237 - 258.

范秋芳，2007. 基于 BP 神经网络的中国石油安全预警研究 [J]. 运筹与管理 (5)：100 - 105.

冯奇缘，苏洋，2021. 我国农业经济增长、农业技术进步与农业碳排放的关系研究 [J]. 内蒙古科技与经济 (3)：38 - 40.

冯阳，路正南，2016. 碳资源视角下低碳技术进步的测度及影响因素分析 [J]. 科技管理研究，24：236 - 241.

傅新红，2004. 农业品种技术创新中的政府与市场 [J]. 农业技术经济 (6)：35 - 39.

高玉强，宋群，2020. 中国省域财政支农支出的减贫效率研究 [J]. 中南林业科技大学学报（社会科学版），14 (1)：59 - 65.

葛继红，周曙东，2011. 农业面源污染的经济影响因素分析：基于 1978—2009 年的江苏省数据 [J]. 中国农村经济 (5)：72 - 81.

耿佩，陈雯，杨槿，等，2020. 乡村生态创新技术地方植入的障碍与路径：以陈庄自然农法技术为例 [J]. 资源科学，42 (7)：1298 - 1310.

弓媛媛，刘章生，2021. 金融结构与农业绿色技术进步：理论模型、影响效应及作用机制 [J]. 经济经纬 (5)：151-160.

郭鸿鹏，2011. 东北粮食主产区"两型"农业生产体系构建研究 [J]. 环境保护 (1)：33-35.

郭剑雄，2004. 农业技术进步类型的一个扩展及其意义 [J]. 农业经济问题 (3)：25-27.

郭四代，钱昱冰，赵锐，2018. 西部地区农业碳排放效率及收敛性分析：基于 SBM-Undesirable 模型 [J]. 农村经济 (11)：80-87.

郭天宝，张煜奇，2021. 我国农业"两区"利益补偿与粮食安全耦合机制研究 [J]. 经济视角 (4)：26-33.

国家发展改革委宏观经济研究院课题组，2004. 中国加速转型期的若干发展问题研究（总报告）[J]. 经济研究参考 (16)：2-48.

何小钢，王自力，2015. 能源偏向型技术进步与绿色增长转型 [J]. 中国工业经济 (2)：50-62.

胡川，韦院英，胡威，2018. 农业政策、技术创新与农业碳排放的关系研究 [J]. 农业经济问题 (9)：66-75.

胡中应，2018. 技术进步、技术效率与中国农业碳排放 [J]. 华东经济管理 (6)：100-105.

花可可，朱波，杨小林，等，2014. 长期施肥对紫色土旱坡地团聚体与有机碳组分的影响 [J]. 农业机械学报 (10)：167-174.

黄坚雄，陈源泉，刘武仁，等，2011. 不同保护性耕作模式对农田的温室气体净排放的影响 [J]. 中国农业科学，44 (14)：2935-2942.

黄杰，孙自敏，2021. 中国种植业碳生产率的区域差异及分布动态演进 [J]. 农业技术经济 (9)：188-206.

黄敬前，2013. 中国财政农业科技投入与农业科技进步动态仿真研究 [D]. 福州：福建农林大学.

黄磊，吴传清，2019. 长江经济带城市工业绿色发展效率及其空间驱动机制研究 [J]. 中国人口·资源与环境，29 (8)：40-49.

黄锐，周玉玺，周霞，2021. 山东省农业碳排放强度的时空特征与趋势演进 [J]. 山东农业大学学报（社会科学版），23 (2)：57-63.

黄晓凤，杨彦，2019. 农业绿色偏向型技术创新的出口贸易效应 [J]. 财经科学，379 (10)：112-124.

纪建悦，李艺菲，2019. 中国海水养殖业农业绿色技术进步测度及其影响因素研究 [J]. 中国海洋大学学报（社会科学版），166（2）：51-56.

金书秦，牛坤玉，韩冬梅，2020. 农业绿色发展路径及其"十四五"取向 [J]. 改革（2），30-39.

景维民，张璐，2014. 环境管制，对外开放与中国工业的农业绿色技术进步 [J]. 经济研究，49（9）：14.

孔繁彬，原毅军，2021. 环境规制，环境研发与农业绿色技术进步 [J]. 2019（2）：98-105.

雷振丹，陈子真，李万明，2020. 农业技术进步对农业碳排放效率的非线性实证 [J]. 统计与决策（5）：67-71.

李波，张俊飚，李海鹏，2011. 中国农业碳排放时空特征及影响因素分解 [J]. 中国人口·资源与环境（8）：80-86.

李成龙，周宏，2020. 农业技术进步与碳排放强度关系：不同影响路径下的实证分析 [J]. 中国农业大学学报（11）：162-171.

李多，2016. 环境技术进步方向的内生化机理和政策激励效应检验 [D]. 长春：吉林大学.

李飞跃，汪建飞，2013. 中国粮食作物秸秆焚烧排碳量及转化生物炭固碳量的估算 [J]. 农业工程学报（14）：1-7.

李风琦，龚娟，2021. 农业绿色技术进步缓解雾霾污染了吗？[J]. 湘潭大学学报（哲学社会科学版）（1）：82-92.

李谷成，范丽霞，冯中朝，2014. 资本积累，制度变迁与农业增长：对 1978—2011 年中国农业增长与资本存量的实证估计 [J]. 管理世界（5）：67-79.

李谷成，范丽霞，2011. 资源，环境与农业发展的协调性：基于环境规制的省级农业环境效率排名 [J]. 数量经济技术经济研究，28（10）：21-36.

李谷成，冯中朝，2010. 中国农业全要素生产率增长：技术推进抑或效率驱动：一项基于随机前沿生产函数的行业比较研究 [J]. 农业技术经济（5）：4-14.

李国志，李宗植，2010. 人口、经济和技术对二氧化碳排放的影响分析：基于动态面板模型 [J]. 人口研究（3）：32-39.

李建华，景永平，2011. 农村经济结构变化对农业能源效率的影响 [J]. 农业经济问题（11）：93-99.

李静，张传慧，2020. 中国农业技术进步的绿色产出偏向及影响因素研究 [J]. 西部论坛，30（3），36-50，105.

李凯杰，曲如晓，2012. 技术进步对碳排放的影响：基于省际动态面板的经验研究 [J]. 北京师范大学学报（社会科学版）(5)：129-139.

李琳，2016. 林业资源枯竭型城市低碳发展机理与模式研究 [D]. 哈尔滨：东北林业大学.

李茂柏，曹黎明，程灿，等，2010. 水稻节水灌溉技术对甲烷排放影响的研究进展 [J]. 作物杂志（6）：98-102.

李楠博，孙弘远，2021. 基于云模型的企业绿色技术创新环境成熟度评价 [J]. 科技进步与对策（11）：1-8.

李强，魏巍，徐康宁，2014. 技术进步和结构调整对能源消费回弹效应的估算 [J]. 中国人口资源与环境（24）：64-67.

李秋萍，李长建，肖小勇，等，2015. 中国农业碳排放的空间效应研究 [J]. 干旱区资源与环境（4）：30-35.

李善同，许召元，2009. 促进区域协调发展需要注重省内差距的变化 [J]. 宏观经济研究（2）：8-15，59.

李小涵，王朝辉，郝明德，等，2010. 黄土高原旱地不同种植模式土壤碳特征评价 [J]. 农业工程学报（S2）：325-330.

李晓嘉，2012. 财政支农支出与农业经济增长方式的关系研究：基于省际面板数据的实证分析 [J]. 经济问题（1）：68-72.

李晓燕，王彬彬，黄一粟，2020. 基于绿色创新价值链视角的农业生态产品价值实现路径研究 [J]. 农村经济（10）：54-61.

李新华，朱振林，董红云，等，2015. 秸秆不同还田模式对玉米田温室气体排放和碳固定的影响 [J]. 农业环境科学学报（11）：2228-2235.

李旭，2015. 绿色创新相关研究的梳理与展望 [J]. 研究与发展管理，27（2）：1-11.

梁俊，龙少波，2015. 农业绿色全要素生产率增长及其影响因素 [J]. 华南农业大学学报（社会科学版）(3)：1-12.

梁流涛，2010. 农业面源污染形成机制：理论与实证 [J]. 中国人口·资源与环境，20（4）：74-80.

刘华军，鲍振，杨骞，2013. 中国农业碳排放的地区差距及其分布动态演进：基于Dagum基尼系数分解与非参数估计方法的实证研究 [J]. 农业技术经济（3）：72-81.

刘华楠，邹珊刚，2003. 中国西部绿色农业科技创新论析 [J]. 中国科技论坛（1）：27-30.

刘慧，陈光，2004. 企业绿色技术创新：一种科学发展观 [J]. 科学与科学技术管理，

25 （8）：82－85.

刘蒙罢，张安录，文高辉，2021. 长江中下游粮食主产区耕地利用生态效率时空格局与演变趋势 [J]. 中国土地科学 （2）：50－60.

刘兴凯，张诚，2010. 中国服务业全要素生产率增长及其收敛分析 [J]. 数量经济技术经济研究，27 （3）：55－67，95.

刘英基，2019. 制造业国际竞争力提升的农业绿色技术进步驱动效应：基于中国制造业行业面板数据的实证分析 [J]. 河南师范大学学报 （哲学社会科学版），46 （5）：7.

刘月仙，刘娟，吴文良，2013. 北京地区畜禽温室气体排放的时空变化分析 [J]. 中国生态农业学报 （7）：891－897.

刘自敏，黄敏，申颢，2022. 中国碳交易试点政策与绿色技术进步偏向：基于城市层面数据的考察 [J]. 产业经济评论 （1）：201－219.

陆建明，2015. 环境技术改善的不利环境效应：另一种"绿色悖论" [J]. 经济学动态 （11）：68－78.

陆旸，2012. 从开放宏观的视角看环境污染问题：一个综述 [J]. 经济研究，47 （2）：146－158.

逯非，王效科，韩冰，等，2010. 稻田秸秆还田：土壤固碳与甲烷增排 [J]. 应用生态学报 （1）：99－108.

罗吉文，2010. 低碳农业发展模式探析 [J]. 生态经济，12 （1）：142－144.

罗小锋，袁青，2017. 新型城镇化与农业技术进步的时空耦合关系 [J]. 华南农业大学学报 （社会科学版），16 （2），19－27.

骆旭添，2011. 低碳农业发展理论与模式研究 [D]. 福州：福建农林大学.

吕娜，朱立志，2019. 农业环境技术效率与绿色全要素生产率增长研究 [J]. 农业技术经济 （4）：95－103.

吕燕，王伟强，1994. 绿色技术创新研究 [J]. 科学管理研究 （4）：41－43.

吕永龙，许健，胥树凡，2000. 环境技术创新的影响因素与应对策略 [J]. 环境工程学报，1 （5）：91－98.

米松华，黄祖辉，朱奇彪，2014. 农户低碳减排技术采纳行为研究 [J]. 浙江农业学报 （3）：797－804.

米松华，黄祖辉，2012. 源温室气体减排技术和管理措施适用性筛选 [J]. 中国农业科学 （21）：4517－4527.

牛海生，李大平，张娜，等，2014. 不同灌溉方式冬小麦农田生态系统碳平衡研究 [J]. 生态环境学报 （5）：749－755.

潘丹，应瑞瑶，2013. 中国"两型农业"发展评价及其影响因素分析［J］. 中国人口·资源与环境，23（6）：39-46.

潘根兴，张阿凤，邹建文，2010. 废弃物生物黑炭转化还田作为低碳农业途径的探讨［J］. 生态与农村环境学报（4）：394-400.

潘婷，2019. 技术进步对碳排放强度的影响研究［D］. 广州：华南理工大学.

庞丽，2014. 农业碳排放的区域差异与影响因素分析［J］. 干旱区资源与环境（12）：1-7.

彭国华，2005. 地区收入差距、全要素生产率及其收敛分析［J］. 经济研究（9）：19-29.

彭永涛，李丫丫，卢娜，2018. 低碳技术创新特征：基于CPC-Y02专利数据［J］. 技术经济，37（7）：41-46.

钱娟，李金叶，2018. 技术进步是否有效促进了节能降耗与CO_2减排？［J］. 科学学研究，36（1）：49-59.

钱娟，李金叶，2017. 不同类型技术进步的节能减排绩效及其动态变化［J］. 技术经济（36）：63-71.

屈超，陈甜，2016. 中国2030年碳排放强度减排潜力测算［J］. 中国人口·资源与环境，26（7）：62-69.

邵帅，范美婷，杨莉莉，2022. 结构调整，绿色技术进步与中国低碳转型发展：基于总体技术前沿和空间溢出效应视角的经验考察［J］. 管理世界，38（2）：46-69.

沈斌，冯勤，2004. 可持续发展的环境技术创新及其政策机制［J］. 科学学与科学技术管理，25（8）：4.

沈能，王艳，2016. 农业增长与污染排放的EKC曲线检验：以农药投入为例［J］. 数理统计与管理，35（4）：614-622.

沈小波，曹芳萍，2010. 创新的特征与环境技术创新政策：新古典和演化方法的比较［J］. 厦门大学学报（哲学社会科学版）（5）：29-36.

宋博，穆月英，侯玲玲，2016. 专业化对农业低碳化的影响研究：来自北京市蔬菜种植户的证据［J］. 自然资源学报，9（3）：468-476.

宋利娜，张玉铭，胡春胜，等，2013. 平原高产农区冬小麦农田土壤温室气体排放及其综合温室效应［J］. 中国生态农业学报（3）：297-307.

速水佑次郎，弗农·拉坦，2000 农业发展的国际分析［M］. 北京：中国社会科学出版社.

孙冰，徐杨，康敏，2021. 规制工具与环境友好型农业绿色技术进步创新：知识产权保

护的双门槛效应 [J]. 科技进步与对策 (11)：1-8.

孙凯佳，朱建营，梅洋，等，2015. 降低反刍动物胃肠道甲烷排放的措施 [J]. 动物营养学报 (10)：2994-3005.

孙欣，沈永昌，陶然，2016. 低碳技术进步测度及对碳排放强度影响效应研究 [J]. 江淮论坛 (6)：64-71.

孙媛媛，2014. 主产区城镇化进程中面临的问题及其应对策略 [J]. 经济视角 (1)：58-62.

谭政，王学义，2016. 全要素生产率省际空间学习效应实证 [J]. 中国人口·资源与环境，26 (10)：8.

陶丽佳，王凤新，顾小小，2012. 滴灌对土壤 CO_2 与 CH_4 浓度的影响 [J]. 中国生态农业学报 (3)：330-336.

田慎重，宁堂原，王瑜，等，2010. 耕作方式和秸秆还田对麦田土壤有机碳含量的影响 [J]. 应用生态学报 (2)：373-378.

田云，陈池波，2019. 碳减排成效评估、后进地区识别与路径优化 [J]. 经济管理 (6)：1-7.

田云，李波，张俊飚，2011. 农地利用碳排放的阶段特征及因素分解研究 [J]. 中国地质大学学报（社会科学版）(1)：59-63.

田云，张俊飚，2013. 农业生产净碳效应分异研究 [J]. 自然资源学报 (8)：1298-1309.

万伦来，黄志斌，2004. 绿色技术创新：推动我国经济可持续发展的有效途径 [J]. 生态经济 (6)：29-31.

王班班，齐绍洲，2014. 有偏技术进步，要素替代与中国工业能源强度 [J]. 经济研究 (2)：115-127.

王班班，齐绍洲，2015. 中国工业技术进步的偏向是否节约能源 [J]. 中国人口·资源与环境，25 (7)：24-31.

王班班，2017. 环境政策与技术创新研究述评 [J]. 经济评论 (4)：131-48.

王班班，2014. 有偏技术进步对中国工业碳强度的影响研究 [D]. 武汉：武汉大学.

王宝义，张卫国，2016. 中国农业生态效率测度及时空差异研究 [J]. 中国人口·资源与环境，26 (6)：11-19.

王宝义，张卫国，2018. 中国农业生态效率的省际差异和影响因素：基于1996—2015年31个省份的面板数据分析 [J]. 中国农村经济 (1)：46-62.

王兵，杜敏哲，2015. 低碳技术下边际减排成本与工业经济的双赢 [J]. 南方经济 (2)：

17 - 36.

王川，高伟，周丰，等，2013. 中国县域畜禽粪便 N_2O 排放清单 [J]. 应用生态学报
（10）：2983 - 2992.

王道平，杜克锐，焉日哲明，2018. 低碳技术创新有效抑制了碳排放吗？：基于 PSTR 模
型的实证分析 [J]. 南京财经大学学报（6）：1 - 14.

王德鑫，黄珂，郑炎成，等，2016. 中国规模生猪养殖效率测度及其区域差异性研究：
基于 DEA - Malmquist 指数方法 [J]. 浙江农业学报，28（7），1262 - 1269.

王方浩，马文奇，窦争霞，等，2006. 中国畜禽粪便产生量估算及环境效应 [J]. 中国
环境科学（5）：614 - 617.

王锋，冯根福，2011. 中国经济低碳发展的影响因素及其对碳减排的作用 [J]. 中国经
济问题（3）：62 - 69.

王浩，刘芳，2012. 农户对不同属性技术的需求及其影响因素分析：基于广东省油茶种
植业的实证分析 [J]. 中国农村观察（1）：55 - 66.

王赫，吴朝阳，2020. 经济差距对创新溢出与技术交流的影响：基于经济距离矩阵的空
间计量研究 [J]. 经济问题（9）：78 - 84.

王建华，杨惠雯，2019. 技术创新异质性点格局及其影响因素研究 [J]. 科学学研究
（12）：2274 - 2283.

王丽霞，陈新国，姚西龙，等，2017. 中国工业企业对环境规制政策的响应度研究 [J].
中国软科学（10）：143 - 152.

王茂华，唐茂芝，2012. 国内外农药使用与残留控制体系 [J]. 食品科学技术学报（3）：
19 - 21.

王奇，赵欣，2019. 基于改进等比例分配方法的中国各省二氧化碳减排目标分配 [J].
干旱区资源与环境（1）：1 - 8.

王文普，陈斌，2013. 环境政策对绿色技术创新的影响研究：来自省级环境专利的证据
[J]. 经济经纬，000（5）：13 - 18.

王勇，姬强，刘帅，等，2012. 耕作措施对土壤水稳性团聚体及有机碳分布的影响 [J].
农业环境科学学报（7）：1365 - 1373.

王跃生，1999. 家庭责任制、农户行为与农业中的环境生态问题 [J]. 北京大学学报
（哲学社会科学版），36（3）：43 - 50.

王云霞，韩彪，2018. 技术进步偏向、要素禀赋与物流业绿色全要素生产率 [J]. 北京
工商大学学报（社会科学版）（2）：51 - 61.

王昀，2008. 低碳农业经济略论 [J]. 中国农业信息（8）：12 - 15.

魏楚，夏栋，2010. 中国人均 CO_2 排放分解：一个跨国比较 [J]. 管理评论，22（8）：114 - 121.

魏巍贤，杨芳，2010. 技术进步对中国二氧化碳排放的影响 [J]. 统计研究，27（7）：36 - 44.

魏玮，文长存，崔琦，等，2018. 农业技术进步对农业能源使用与碳排放的影响：基于 GTAP - E 模型分析 [J]. 农业技术经济（2）：30 - 40.

魏一鸣，刘兰翠，范英，2008. 中国能源报告：碳排放研究 [M]. 北京：科学出版社.

文琦，2009. 中国农村转型发展研究的进展与趋势 [J]. 中国人口·资源与环境，19（1）：20 - 24.

吴昊玥，何宇，黄瀚蛟，等，2021. 中国种植业碳补偿率测算及空间收敛性 [J]. 中国人口·资源与环境，31（6）：113 - 123.

吴伟伟，2019. 支农财政、技术进步偏向的农田利用碳排放效应研究 [J]. 中国土地科学（3）：79 - 86.

吴贤荣，张俊飚，程琳琳，等，2015. 中国省域农业碳减排潜力及其空间关联特征：基于空间权重矩阵的空间 Durbin 模型 [J]. 中国人口·资源与环境，25（6）：53 - 61.

吴学花，刘亚丽，田洪刚，等，2021. 环境规制驱动经济增长的路径：一个链式多重中介模型的检验 [J]. 济南大学学报（社会科学版），1（31）：118 - 135.

吴雪莲，张俊飚，丰军辉，2017. 农户绿色农业技术认知影响因素及其层级结构分解：基于 Probit - ISM 模型 [J]. 华中农业大学学报（社会科学版）（5）：36 - 45.

吴雪莲，2016. 农户绿色农业技术采纳行为及政策激励研究：以湖北水稻生产为例 [D]. 武汉：华中农业大学.

吴英姿，闻岳春，2013. 绿色生产率及其对工业低碳发展的影响研究 [J]. 管理科学（1）：112 - 120.

武云亮，钱嘉竞，张廷海，2021. 环境规制，绿色技术创新与中国经济高质量发展：基于中介效应及调节效应的实证检验 [J]. 成都大学学报（社会科学版）（3）：30 - 42.

夏四友，赵媛，许昕，等，2020. 近 20 年来中国农业碳排放强度区域差异、时空格局及动态演化 [J]. 长江流域资源与环境，29（3）：596 - 608.

肖周燕，2013. 人口素质，经济增长与 CO_2 排放关联分析 [J]. 干旱区资源与环境（10）：25 - 31.

谢荣辉，2021. 农业绿色技术进步、正外部性与中国环境污染治理 [J]. 管理评论（6）：111 - 121.

谢亚燕，苏洋，李凤，等，2022. 技术进步对新疆农业碳排放的门槛效应检验 [J]. 浙江农业科学，63（1）：158-165.

徐桂鹏，郑传芳，2012. 政策诱致下的农业技术进步原理及贡献率测定 [J]. 经济问题（10）：81-84.

徐红，赵金伟，2020. 研发投入的农业绿色技术进步效应：基于城市层面技术进步方向的视角 [J]. 中国人口·资源与环境，30（2）：121-128.

徐辉，师诺，武玲玲，等，2020. 黄河流域高质量发展水平测度及其时空演变 [J]. 资源科学，42（1）：115-126.

许冬兰，张敏，2018. 中国工业低碳全要素生产率的测算及分解：基于动态 EBM-MI 指数模型 [J]. 青岛科技大学学报（社会科学版）（4）：19-24.

许林，林思宜，钱淑芳，2021. 环境信息披露，绿色技术创新对融资约束的缓释效应 [J]. 证券市场导报（9）：23-33.

许平，孙玉华，2014. 非期望产出的 DEA 效率评价 [J]. 经济数学，31（1）：90-93.

许庆瑞，王毅，1999. 绿色技术创新新探：生命周期观 [J]. 科学管理研究（1）：3-6.

鄢哲明，邓晓兰，陈宝东，2016. 农业绿色技术进步对中国产业结构低碳化的影响 [J]. 经济社会体制比较（4）：15.

闫桂权，何玉成，张晓恒，等，2020. 中国规模生猪养殖的绿色技术进步偏向 [J]. 中国生态农业学报（中英文），28（11）：1811-1822.

闫桂权，何玉成，张晓恒，2019. 农业绿色技术进步，农业经济增长与污染空间溢出：来自中国农业水资源利用的证据 [J]. 长江流域资源与环境，28（12）：15.

闫文琪，2014. CDM 项目大气污染物减排的协同效应研究 [D]. 天津：南开大学.

杨发明，许庆瑞，1998. 企业绿色技术创新研究 [J]. 中国软科学（3）：47-51.

杨发庭，2014. 绿色技术创新的制度研究 [D]. 北京：中共中央党校.

杨福霞，郑凡，杨冕，2019. 中国种植业劳动生产率区域差异的动态演进及驱动机制 [J]. 资源科学，41（8）：1563-1575.

杨福霞，2016. 环境政策与农业绿色技术进步 [M]. 北京：人民出版社.

杨钧，2013. 农业技术进步对农业碳排放的影响：中国省级数据的检验 [J]. 软科学（10）：120-124.

杨俊，陈怡，2011. 基于环境因素的中国农业生产率增长研究 [J]. 中国人口·资源与环境，21（6）：153-157.

杨莉莎，朱俊鹏，贾智杰，2019. 中国碳减排实现的影响因素和当前挑战：基于技术进步的视角 [J]. 经济研究，54（11）：118-132.

杨秀玉，2016. 中国农业碳排放的地区差异与收敛性分析 ［J］. 湖北农业科学（4）：
    260 - 266.

杨颖，2012. 四川省低碳经济发展效率评价 ［J］. 中国人口・资源与环境，22（6）：
    52 - 56.

杨正林，方齐云，2008. 能源生产率差异与收敛：基于省际面板数据的实证分析 ［J］.
    数量经济技术经济研究（9）：17 - 30.

姚小剑，何珊，杨光磊，2018. 强度维度下的环境规制对农业绿色技术进步的影响 ［J］.
    统计与决策（6）：78 - 82.

姚延婷，陈万明，李晓宁，2014. 环境友好农业技术创新与农业经济增长关系研究 ［J］.
    中国人口・资源与环境（8）：122 - 130.

姚延婷，陈万明，2016. 环境友好农业技术创新对经济增长的贡献研究 ［J］. 财经问题
    研究（9）：123 - 128.

姚延婷，2018. 环境友好农业技术创新及其对农业经济增长的影响研究 ［D］. 南京：南
    京航空航天大学.

姚西龙，2012. 技术创新对工业碳强度的影响测度及减排路径研究 ［D］. 哈尔滨：哈尔
    滨工业大学.

叶初升，马玉婷，2020. 人力资本及其与技术进步的适配性何以影响了农业种植结构？
    ［J］. 中国农村经济（4）：34 - 55.

易加斌，李霄，杨小平，等，2021. 创新生态系统理论视角下的农业数字化转型：驱动
    因素、战略框架与实施路径 ［J］. 农业经济问题（7）：101 - 116.

殷贺，王为东，王露，等，2020. 低碳技术进步如何抑制碳排放？：来自中国的经验证据
    ［J］. 管理现代化，40（5）：90 - 94.

殷文，史倩倩，郭瑶，等，2016. 秸秆还田、一膜两年用及间作对农田碳排放的短期效
    应 ［J］. 中国生态农业学报（6）：716 - 724.

余康，章立，郭萍，2012. 1989—2009 中国总量农业全要素生产率研究综述 ［J］. 浙江
    农林大学学报，29（1）：111 - 118.

袁凌，申颖涛，姜太平，2000. 论绿色技术创新 ［J］. 科技进步与对策，17（9）：2.

袁庆明，2003. 技术创新的制度结构分析 ［M］. 北京：经济管理出版社.

约瑟夫・熊彼特，2009. 资本主义、社会主义与民主 ［M］. 北京：商务印书馆.

查良玉，吴洁，仇忠启，等，2013. 秸秆机械集中沟埋还田对农田净碳排放的影响 ［J］.
    水土保持学报（3）：229 - 236.

展进涛，徐钰娇，2019. 环境规制、农业绿色生产率与粮食安全 ［J］. 中国人口・资源

与环境，29（3），167－176.

张俊，钟春平，2014. 偏向型技术进步理论：研究进展及争议 [J]. 经济评论（5）：148－160.

张晨，2018. 上海农业技术进步的发生机制和演进路径研究 [D]. 上海：上海海洋大学.

张传慧，2022. 基于水污染排放的农业绿色偏向型技术进步研究 [D]. 合肥：合肥工业大学.

张宽，邓鑫，沈倩岭，等，2017. 农业技术进步、农村劳动力转移与农民收入：基于农业劳动生产率的分组 PVAR 模型分析 [J]. 农业技术经济，000（6）：28－41.

张丽琼，何婷婷，2021.1997—2018 年中国农业碳排放的时空演进与脱钩效应 [J]. 云南农业大学学报（社会科学），16（1）：78－90.

张腾飞，杨俊，盛鹏飞，2016. 城镇化对中国碳排放的影响及作用渠道 [J]. 中国人口·资源与环境，26（2）：47－57.

张文彬，李国平，2015. 异质性技术进步的碳减排效应分析 [J]. 科学学与科学技术管理，36（9）：54－61.

张永强，田媛，王珧，等，2019. 农村人力资本、农业技术进步与农业碳排放 [J]. 科技管理研究（14）：266－274.

章胜勇，尹朝静，贺亚亚，等，2020. 中国农业碳排放的空间分异与动态演进：基于空间和非参数估计方法的实证研究 [J]. 中国环境科学（3）：1356－1363.

赵军，刘春艳，李琛，2020. 金融发展对碳排放的影响："促进效应"还是"抑制效应"？：基于技术进步异质性的中介效应模型 [J]. 新疆大学学报（哲学社会科学版），48（4）：1－10.

赵领娣，贾斌，胡明照，2014. 基于空间计量的中国省域人力资本与碳排放密度实证研究 [J]. 人口与发展，20（4）：2－10.

赵璐，吕杰，2011. 财政支农结构对农业总产值影响的实证分析 [J]. 统计与决策（8）：117－120.

赵楠，贾丽静，张军桥，2013. 技术进步对中国能源利用效率影响机制研究 [J]. 统计研究，30（4）：63－69.

赵文琦，胡健，赵守国，2021. 中国能源产业的要素配置效率与产业高级化 [J]. 数量经济技术经济研究（12）：146－162.

赵一广，刁其玉，邓凯东，等，2011. 反刍动物甲烷排放的测定及调控技术研究进展 [J]. 动物营养学报（5）：726－734.

郑阳阳，罗建利，2021. 农业生产效率的碳排放效应：空间溢出与门槛特征 [J]. 北京航空航天大学学报（社会科学版），34（1）：96－105.

郑义，赵晓霞，2014. 环境技术效率、污染治理与环境绩效：基于 1998—2012 年中国省级面板数据的分析 ［J］. 中国管理科学（S1）：785－791.

钟晖，王建锋，2000. 建立绿色技术创新机制 ［J］. 生态经济（3）：41－44.

周贝贝，王一明，林先贵，2016. 不同处理方式的粪肥对水稻生长和温室气体排放的影响 ［J］. 应用与环境生物学报（3）：430－436.

周鹏飞，谢黎，王亚飞，2019. 我国农业全要素生产率的变动轨迹及驱动因素分析：基于 DEA—Malmquist 指数法与两步系统 GMM 模型的实证考察 ［J］. 兰州学刊，17（12）：170－186.

周晶，青平，颜廷武，2018. 技术进步、生产方式转型与中国生猪养殖温室气体减排 ［J］. 华中农业大学学报（社会科学版）（4）：44－51.

周晶淼，2019. 环境规制对绿色增长的影响机理研究 ［D］. 大连：大连理工大学.

周喜君，郭淑芬，2018. 中国二氧化碳减排过程中的技术偏向研究 ［J］. 科研管理（5）：29－37.

朱筱婧，李晓明，张雪，2010. 低碳农业背景下提高肥料利用率的技术途径 ［J］. 江苏农业科学（4）：15－17.

诸大建，1998. 可持续发展呼唤循环经济 ［J］. 科技导报（9）：5.

庄月芹，2008. 中国农作物秸秆机械化还田技术的应用与展望 ［J］. 安徽农业科学（5）：15749－15750.

Acemoglu D，2002. Directed Technical Change ［J］. Review of Economic Studies，69（4）：781－810.

Acemoglu D，2003. Labor－and Capital－Augmenting Technical Change ［J］. Journal of European Economic Association，1（1）：1－37.

Acemoglu D，2003. Patterns of Skill Premia ［J］. Review of Economic Studies，70（2）：199－230.

Acemoglu D，2007. Equilibrium Bias of Technology ［J］. Econometrica，75（5）：1371－1410.

Acemoglu D，Aghion P，Bursztyn L，et al.，2012. The environment and directed technical change ［J］. American Economic Review，102：131－166.

Acikgoz S，Mert M，2014. Sources of growth revisited：The Importance of the nature of technological progress ［J］. Social Science Electronic Publishing（17）：31－62.

Adom P K，Amuakwa－Mensah F，2016. What drives the energy saving role of FDI and industrialization in East Africa? [J] Renew. Sust. Energ. Rev. , 65: 925 – 942.

Aghion P P, 1992. Howitt. A model of growth through creative destruction [J]. Econometrica, 60 (2): 323 – 351.

Ahmad S, 1966. On the Theory of Induced Innovation [J]. The Economic Journal, 76: 344 – 357.

Arrow K J, Karlin S, Suppes P, 1960. Mathematical methods in the social sciences, 1959: Proceedings of the first Stanford Symposium [M]. Redwood City: Stanford University Press.

Asel Doranova, Ionara Costa, Geert Duysters, 2010. Knowledge base determinants of technology sourcing in clean development mechanism projects [J]. Energy Policy, 38 (10): 5550 – 5559.

Baron R M, Kenny D A, 1986. The moderator – mediator variable distinction in social psychological research: Conceptual, strategic, and statistical considerations [J]. Journal of Personality and Social Psychology (51): 1173 – 1182.

Bataille C, Melton N, 2017. Energy efficiency and economic growth: A retrospective CGE analysis for Canada from 2002 to 2012 [J]. Energy Economics, 64 (5): 118 – 130.

Bavin T K, Griffis T J, Baker J M, et al. , 2009. Impact of reduced tillage and cover cropping on the greenhouse gas budget of a maize/soybean rotation ecosystem [J]. Agriculture Ecosystems & Environment, 134 (3): 234 – 242.

Binswanger H P, 1974. A microeconomic approach to induced innovation [J]. The Economic Journal, 84: 940 – 958.

Binswanger H P, Ruttan V W, et al. , 1978. Induced innovation: Technology, institutions and development [M]. Baltimore: John Hopkins University Press.

Bo Wang, et al. , 2018. Heterogeneity evaluation of China's provincial energy technology based on large – scale technical text data mining [J]. Journal of Cleaner Production (202): 946 – 958.

Braun E, Wield D, 1994. Regulation as a Means for the Social Control of Technology [J]. Technology Analysis & Strategic Management, 6 (3): 78 – 99.

Bridge G, Bouzarovski S, Bradshaw M, et al. , 2013. Geographies of energy transition: Space, place and the low – carbon economy [J]. Energy Policy, 53: 331 – 340.

Cao B, Wang S, 2017. Opening up, international trade, and green technology progress [J]. Journal of Cleaner Production, 142 (2): 1002 – 1012.

Chege S M, Wang D, 2019. The influence of technology innovation on SME performance through environmental sustainability practices in Kenya [J]. Technology in Society, 60: 101210.

Chen X M, Liu J, 2006. Present research and progress of the green reactive technology [J]. Journal of Huaibei Coal Industry Teachers College (1).

Cheng K, Pan G, Smith P, et al., 2011. Carbon footprint of China's crop production: An estimation using agro-statistics data over 1993-2007 [J]. Agric. Ecosyst. Environ., 142: 231-237.

Cheng Z, Li L, Liu J, 2017. Industrial structure, technical progress and carbon intensity in China's provinces [J]. Renewable and Sustainable Energy Reviews, 81: 2935-2946.

Cheng Z H, Liu J, Li L S, et al., 2020. Research on meta-frontier total-factor energy efficiency and its spatial convergence in Chinese provinces [J]. Energy Economics, 86: 104702.

Cordoba Misael, Miranda Cristian, et al., 2017. Catalytic Performance of Co_3O_4 on Different Activated Carbon Supports in the Benzyl Alcohol Oxidation [J]. Catalysts, 7 (12): 384.

Corradini M, Costantini V, Mancinelli S, et al., 2014. Unveiling the dynamic relation between R&D and emission abatement [J]. Ecology Economy, 102 (6): 42-59.

Demirel P, Kesidou E, 2011. Stimulating different types of eco-innovation in the UK: Government policies and firm motivations [J]. Ecological Economics, 70 (8): 1546-1557.

Deng Yue, Apurbo Sarkar, Cui Yu, et al., 2021. Ecological compensation of grain trade within urban, rural areas and provinces in China: A prospect of a carbon transfer mechanism [J]. Environment, Development and Sustainability, 2: 24.

Deng Yue, Apurbo Sarkar, Cui Yu, et al., 2021. The evolution of factors influencing green technological progress in terms of carbon reduction: A spatial-temporal tactic within agriculture industries of China [J]. Frontiers in Energy Research, 11: 25.

Deng Yue, Cui Yu, Sufyan Ullah Khan, et al., 2022. The spatio temporal dynamic and spatial spillover effect of agricultural green technological progress in China [J]. Environmental Science and Pollution Research, 29 (19): 27909-27923.

Feng G, Serletis A, 2014. Undesirable outputs and a primal divisia productivity index based on the directional output distance function [J]. Journal of Econometrics, 183 (1): 135 – 146.

Feng Suling, Zhang Rong, Li Guoxiang, 2022. Environmental decentralization, digital finance and green technology innovation [J]. Structural Change and Economic Dynamics (61): 70 – 83.

Fischer, Cand G. Heutel, 2013. Environmental macroeconomics: Environmental policy, business cycles, and directed technical change [J]. Annual Review of Resource Economics (5): 1256 – 1279.

Foster R N, 1985. Timing technological transitions [J]. Technology In Society, 7 (2 – 3): 127 – 141.

Funahashi K, 1989. On the approximate realization of continuous mappings by neural networks [J]. Neural Networks, 2 (3): 183 – 192.

Geels F W, 2014. Regime resistance against low – carbon transitions: Introducing politics and power into the multi – level perspective [J]. Theory, Culture & Society, 31 (5): 21 – 40.

Gerlagh R, 2007. Measuring the value of induced technological change. Energy Policy, 35 (11): 5287 – 5297.

Gomi K, Shimada K, Matsuoka Y, 2010. A low – carbon scenario creation method for a local – scale economy and its application in Kyoto city [J]. Energy Policy, 38 (9): 4783 – 4796.

Goraczkowska J, 2020. Enterprise innovation in technology incubators and university business incubators in the context of Polish industry [J]. Oecon. Copernic. , 11 (4): 799 – 817.

Griliches, Hvbrid Cirn Z, 1957. An Exploration in the Economics of Technological Change [J]. Ecinometrica, 25: 501 – 522.

Guo P, Wang T, D Li, et al. , 2016. How energy technology innovation affects transition of coal resource – based economy in China [J]. Energy Policy, 92 (5): 1 – 6.

Hailu A, Veeman T S, 2000. Environmentally sensitive productivity analysis of the Canadian pulp and paper industry, 1959 – 1994: An input distance function approach [J]. Journal of Environmental Economics & Management, 40 (3): 251 – 274.

Hailu A, Veeman T S, 2000. Environmentally sensitive productivity analysis of the Canadian pulp and paper industry, 1959 – 1994: An Input Distance Function Approach [J].

Journal of Environmental Economics and Management，40（3）：251 – 274.

Han H，Wu S，2018. Rural residential energy transition and energy consumption intensity in China［J］. Energy Economics，74：523 – 534.

He P P，Zhang J B，Li W，2021. The role of agricultural green production technologies in improving low – carbon efficiency in China：Necessary but not effective［J］. Journal of Environmental Management，293：112837.

Hicks，John R，1932. The theory of wages［M］. London：Macmillan，124 – 125.

Hojnik J，Ruzzier M，2015. What drives eco – innovation? A review of an emerging literature［J］. Environmental Innovation and Societal Transitions，19：31 – 41.

Hornik K，Stinchcombe M，White H，1990. Universal approximation of an unknown mapping and its derivatives using multilayer feedforward networks［J］. Neural Networks，3（5）：551 – 560.

Hottenrott H，Peters B，2012. Innovative capability and financing constraints for innovation：more money，more innovation?　［J］. Review of Economics and Statistics，94（4）：1126 – 1142.

Huang J，Chen X，2020. Domestic R&D activities，technology absorption ability，and energy intensity in China［J］. Energy Policy，138：111184.

Huang J，Lai Y，Hu H，2020. The effect of technological factors and structural change on China's energy intensity：Evidence from dynamic panel models［J］. China Econ. Rev. ，64：101518.

Huang J，Yu S，2016. Effects of investment on energy intensity：Evidence from China［J］. Chinese J. Popul. Resour. Environ. ，14：197 – 207.

Jianhua Yin，Wang S，Gong L，2018. The effects of factor market distortion and technical innovation on China's electricity consumption［J］. Journal of Cleaner Production.

Johnson J M F，Franzluebbers A J，Weyers S L，et al. ，2007. Agricultural opportunities to mitigate greenhouse gas emissions［J］. Environ. Pollut. ，150（1）：107 – 124.

Jorgensen D，1961. The development of a dual economy［J］. Economic Journal，71（282）：309 – 344.

Kamien M I，Schwartz N L，1968. Optimal "induced" technical change［J］. Econometrica，36（1）：1 – 17.

Kanerva M，Arundel A，Kemp R，2009. Environmental innovation Using qualitative models to identify indicators for policy［J］. Merit Working Papers（47）.

Kemp R, Soete L, 1992. The greening of technological progress: An evolutionary perspective [J]. Futures, 24: 437 – 457.

Khan D, Ulucak R, 2020. How do environmental technologies affect green growth? Evidence from BRICS economies [J]. Science of The Total Environment, 712: 136504.

Kinzig A P, Kammen D M, 1998. National trajectories of carbon emissions: analysis of proposals to foster the transition to low – carbon economies [J]. Global Environmental Change, 8 (3): 183 – 208.

Krass D, Nedorezov T, Ovchinnikov A, 2013. Environmental taxes and the choice of green technology [J]. Production and Operations Management, 22 (5): 1035 – 1055.

Lal R, 2004. Carbon emission from farm operations [J]. Environment International, 30 (7): 981 – 990.

Lenka N K, Lal R, 2013. Soil aggregation and greenhouse gas flux after 15 years of wheat straw and fertilizer management in a no – till system [J]. Soil & Tillage Research, 126: 78 – 89.

Lesage J, Pace R K, 2009. Introduction to spatial econometrics [M]. New York: CRC Press.

Li K, Lin B, 2014. The nonlinear impacts of industrial structure on China's energy intensity [J]. Energy, 69: 258 – 265.

Li M, Wang J, Zhao P, et al., 2020. Factors affecting the willingness of agricultural green production from the perspective of farmers' perceptions [J]. Science of the Total Environment, 738: 140289.

Lin B, Du K, 2013. Technology gap and China's regional energy efficiency: A parametric metafrontier approach [J]. Energy Economics, 40: 529 – 536.

Linquist B A, Adviento – Borbe M A, Pittelkow C M, et al., 2012. Fertilizer management practices and greenhouse gas emissions from rice systems: A quantitative review and analysis [J]. Field Crops Research, 135: 10 – 21.

Liu J, Liu H, Yao X L, et al., 2016. Evaluating the sustainability impact of consolidation policy in China's coal mining industry: A data envelopment analysis [J]. Journal of Cleaner Production, 112: 2969 – 2976.

Liu W B, Meng W, Li X X, et al., 2010. DEA models with undesirable inputs and outputs [J]. Annals of Operations Research. 173 (1): 177 – 194.

Liu W, Zhang G, Wang X, et al., 2018. Carbon footprint of main crop production in

China: magnitude, spatial – temporal pattern and attribution [J]. Sci. Total Environ. , 645: 1296 – 1308.

Liu Y, Zhu J, Li E Y, et al. , 2020. Environmental regulation, green technological inno-vation, and eco – efficiency: The case of Yangtze river economic belt in China [J]. Technological Forecasting and Social Change, 155: 119993.

Lovell K, 2003. The decomposition of Malmquist productivity indexes [J]. J. Prod. A-nal. , 20: 437 – 458.

Lucas R, 1988. On the mechanics of economic development [J]. Journal of Monetary Eco-nomics, 22.

Lv W, Zhou Z, Huang H, 2013. The measurement of undesirable output based – on DEA in E&E: models development and empirical analysis [J]. Math. Comput. Model, 58 (5 – 6): 907 – 912.

Ma B, Yu Y. Industrial structure, energy – saving regulations and energy intensity: evi-dence from Chinese cities [J]. J. Clean. Prod. , 141 (2017): 1539 – 1547.

Mansfield E, Schwartz M, Wagner S, 1981. Imitation costs and patents: An empirical study [J]. The Economic Journal, 91 (364): 907 – 918.

Marcon A, Medeiros J, Ribeiro J, 2017. Innovation and environmentally sustainable econ-omy: Identifying the best practices developed by multinationals in Brazil [J]. Journal of Cleaner Production, 160: 83 – 97.

Mitchener K J, Mclean I W, 2003. The productivity of U. S. states science 1880 [J]. Journal of Economic Growth, 8: 73 – 114.

Morugán – Coronado A, García – Orenes F, Mataix – Solera J, et al. , 2011. Short – term effects of treated wastewater irrigation on Mediterranean calcareous soil [J]. Soil & Tillage Research, 112 (1): 18 – 26.

Naveh E, Meilich O, Marcus A, 2006. The effects of administrative innovation implemen-tation on performance: An organizational learning approach [J]. Strat. Organ, 4 (3): 275 – 302.

OECD, 2009. Sustainable manufacturing and eco – innovation: Towards a Green Economy [J]. Policy Brief – OECD Observer.

Oh D H, 2010. A global Malmquist – Luenberger productivity index [J]. Journal of Pro-ductivity Analysis, 34 (3): 183 – 197.

Ouma G, 2007. Effect of different container sizes and irrigation frequency on the morphological and physiological characteristics of mango (mangifera indica) rootstock seedlings [J]. International Journal of Botany, 3 (3): 260 - 268.

Paustian K, Ravindranath N H, Amstel A V, 2006. 2006IPCC guidelines for national greenhouse gas inventories [J]. International Panel on Climate Change, 24 (4): 48 - 56.

Popp, D. 2004. ENTICE: Endogenous technological change in the DICE model of global warming [J]. Journal of Environmental Economics and Management, 48: 742 - 768.

Razmi A, 2013. Environmental macroeconomics: Simple stylized frameworks for short - run analysis [M].

Rebolledo - Leiva R, Angulo - Meza L, Iriarte A, et al. 2017. Joint carbon footprint assessment and data envelopment analysis for the reduction of greenhouse gas emissions in agriculture production [J]. Science of the Total Environment, s1: 36 - 46.

Ren W, Zeng Q, 2021. Is the green technological progress bias of mariculture suitable for its factor endowment?: Empirical results from 10 coastal provinces and cities in China [J]. Marine Policy, 124: 104338.

Rennings K, Zwick T, 2002. Employment impact of cleaner production on the firm level: Empirical evidence from a survey in five European countries [J]. International Journal of Innovation Management Cleaner Production, 6 (3): 319 - 342.

Rennings K, 2000. Redefining innovation - eco - innovation research and contribution form economics [J]. Ecological Economics, 32 (2): 319 - 332.

Romer, Paul M, 1986. Increasing returns and long - run growth [J]. Journal of Political Economy, 94: 1002 - 103710.

Saudi M, Sinaga O, Roespinoedji D, et al., 2019. The impact of technological innovation on energy intensity: Evidence from Indonesia [J]. International Journal of Energy Economics and Policy, 9 (3): 11 - 17.

Schipper L, Grubb M, 2000. On the rebound? Feedback between energy intensities and energy uses in IEA countries [J]. Energy Policy, 28 (6 - 7): 367 - 388.

Schmookler J, 1966. Invention and economic growth [M]. Cambridge: Harvard University Press.

Schütz H, Holzapfel - Pschorn A, Conrad R, et al., 1989. A 3 - year continuous record on the influence of daytime, season, and fertilizer treatment on methane emission rates from an Italian rice paddy [J]. Journal of Geophysical Research, 941: 16405 - 16416.

Shin H, Hwang J, Kim H, 2019. Appropriate technology for grassroots innovation in developing countries for sustainable development: The case of Laos [J]. Journal of Cleaner Production, 232: 1167 - 1175.

Shrivastava P, 1995. Environmental technologies and competitive advantage [J]. Strategic Management Journal, 16: 183 - 200.

Shu Y, Xu G H, 2018. Multi - level dynamic fuzzy evaluation and BP neural network method for performance evaluation of Chinese private enterprises [J]. Wireless Personal Communications, 102: 2715 - 2726.

Silva G M, Styles C, Lages L F, 2016. Breakthrough innovation in international business: The impact of tech - innovation and market - innovation on performance [J]. International Business Review, 26 (2): 391 - 404.

Skea J, 1995. Environmental technology: Principles of environmental and resource economics [M] //Folmer H, Cheltenham B G. A gide for students and decision - makers. 2nd ed. [S. l.]: Edward Elgar.

Solomon S, Qin D, Manning M, et al., 2007. Summary for policymakers [M]. Cambridge: Cambridge University Press.

Solow, Robert M, 1957. Technical change and aggregate production function [J]. Review of Economics and Statistics, 39.

Song M L, Peng J, Wang J L, et al., 2018. Environmental efficiency and economic growth of China: A ray slack - based model analysis [J]. European Journal of Operational Research, 269 (1): 51 - 63.

Song M L, Peng L C, Shang Y P, et al., 2022. Green technology progress and total factor productivity of resource - based enterprises: A perspective of technical compensation of environmental regulation [J]. Technological Forecasting and Social Change, 174: 121276.

Song M L, Wang S, 2017. Participation in global value chain and green technology progress: Evidence from big data of Chinese enterprises [J]. Environmental Science and Pollution Research, 24 (2): 1648 - 1661.

Song M L, Zheng W, Wang S, 2017. Measuring green technology progress in large - scale thermoelectric enterprises based on Malmquist - Luenberger life cycle assessment [J]. Resources Conservation And Recycling, 122: 261 - 269.

Song M L，Wang S，2017. Measuring environment – biased technological progress considering energy saving and emission reduction [J]. Process Safety and Environmental Protection，116：745 – 753.

Song M W，Li A Z，Cai L Q，2008. Effects of different tillage methods on soil organic carbon pool [J]. Journal of Agro – Environment Science，27（2）：622 – 626.

Stoneman，1983. The economic analysis of technological change [M]. Oxford：Oxford University Press.

Sun L Y，Miao C L，Yang L，2017. Ecological – economic efficiency evaluation of green technology innovation in strategic emerging industries based on entropy weighted TOPSIS method [J]. Ecol. Indic. ，73：554 – 558.

Sun W T，Lou C R，Wang C X，et al. ，2008. Effects of irrigation techniques on N distribution of different N – fertilizer in soil and tomato plants in greenhouse [J]. Chinese Journal of Soil Science（4）：770 – 774.

Taheri A A，Stevenson R，2002. Energy price，environmental policy，and technological bias [J]. The Energy Journal，23（4）：85 – 107.

Tone K，2001. A slack – based measure of efficiency in data envelopment analysis [J]. European Journal of Operational Research，130：498 – 509.

Tushman M，Anderson P，1986. Technological discontinuities and organizational environments [J]. Administrative Science Quarterly，31（3）：439 – 465.

Van Heerde H J，Mela C F，Manchanda P，2004. The dynamic effect of innovation on market structure [J]. Journal if Marketing Research，41（2）：166 – 183.

Vernon W Ruttan，1982. Agricultural research policy [D]. Minneapolis：University of Minnesota.

Wang D，Han B，2016. The impact of ICT investment on energy intensity across different regions of China [J]. Renew. Sustain. Energy，8（5）：055901.

Wang S H，Song M L，2014. Review of hidden carbon emissions，trade，and labor income share in China，2001 – 2011 [J]. Energy Policy，74：395 – 405.

Werf E V D，2008. Production function for climate policy modeling：An empirical analysis [J]. Energy Economics，30（6）：2964 – 2979.

West T O，Marland G，2002. A synthesis of carbon sequestration，carbon emissions，and net carbon flux in agriculture：comparing tillage practices in the United States [J]. Agriculture Ecosystems & Environment，91（1）：217 – 232.

Yang G L，Zha D，Zhang C，et al.，2020. Does environment – biased technological progress reduce CO₂ emissions in APEC economies? Evidence from fossil and clean energy consumption ［J］. Environmental Science and Pollution Research，27：20984 – 20999.

Yushchenko A，Patel M K，2016. Contributing to a green energy economy? A macroeconomic analysis of an energy efficiency program operated by a Swiss utility ［J］. Applied Energy，179：1304 – 1320.

Zhang Y，Liu W X，Sufyan Ullah Khan，et al.，2022. An insight into the drag effect of water，land，and energy on economic growth across space and time：The application of improved Solow growth model ［J］. Environmental Science and Pollution Research：1 – 14.

Zhang Z，2003，Why Did the energy intensity fall in China's industrial sector in the 1990s? The relative importance of structural change and intensity change ［J］. Energy Economics，25：625 – 638.

Zhao X，Ma C，Hong D，2010，Why Did China's Energy Intensity Increase During 1998 – 2006：Decomposition and Policy Analysis ［J］. Energy Policy，38：1379 – 1388.

Zheng P，Li J Q，2010. A method of supply chain performance evaluation based on BP neural network ［J］. Operations and Management，19（2）：26 – 32.

Zhou X，Xia M，Zhang T，et al.，2020. Energy – and environment – biased technological progress induced by different types of environmental regulations in China ［J］. Sustainability，12：1 – 26.

Zou J，Huang Y，Zheng X，et al.，2007. Quantifying direct N₂O emissions in paddy fields during rice growing season in mainland China：Dependence on water regime ［J］. Atmos. Environ.，41（37）：8030 – 8042.

附表 1 东部层面的中介效应回归结果

变量	AGTP				AEGTP				ACGTP			
	(1)	(2)	(3)	(4)	(1)	(2)	(3)	(4)	(1)	(2)	(3)	(4)
	CI	ES	EE	CI	CI	ES	EE	CI	CI	ES	EE	CI
AGTP	−0.674 (0.689)	−0.892** (0.409)	0.763** (0.368)	−0.658 (0.662)	—	—	—	—	—	—	—	—
AEGTP	—	—	—	—	−0.115*** (0.025)	−0.261*** (0.044)	−0.308*** (0.041)	−0.100*** (0.030)	—	—	—	—
ACGTP	—	—	—	—	—	—	—	—	−0.694*** (0.216)	−0.444*** (0.130)	−0.285** (0.120)	−0.490** (0.215)
ES	—	—	0.155** (0.060 4)	0.343*** (0.069)	—	—	−0.026 (0.058)	0.141*** (0.038)	0.467 (0.540)	−1.324*** (0.325)	1.569*** (0.304)	1.208** (0.569)
EE	—	—	—	−0.004 (0.069)	—	—	—	−0.073 (0.044)	—	—	0.103* (0.061 1)	0.500*** (0.109)

（续）

变量	AGTP				AEGTP				ACGTP			
	(1)	(2)	(3)	(4)	(1)	(2)	(3)	(4)	(1)	(2)	(3)	(4)
	CI	ES	EE	CI	CI	ES	EE	CI	CI	ES	EE	CI
控制变量	已控制	已控制	已控制	已控制	已控制	已控制	已控制	已控制	已控制	已控制	已控制	已控制
常数项	0.490	−2.197***	−0.144	−0.523	5.252***	−3.475***	−0.368	5.721***	−0.206	−3.112***	0.468*	1.358***
	(0.784)	(0.465)	(0.434)	(0.792)	(0.117)	(0.206)	(0.266)	(0.173)	(0.341)	(0.205)	(0.265)	(0.473)
观察项	220	220	220	220	220	220	220	220	220	220	220	220
R^2	0.006	0.098	0.126	0.111	0.089	0.205	0.296	0.156	0.047	0.125	0.131	0.132

注：括号内为误差项；***、** 和 * 分别表示在 1%、5% 和 10% 的水平上显著。

附表 2　中部层面的中介效应回归结果

变量	AGTP				AEGTP				ACGTP			
	(1)	(2)	(3)	(4)	(1)	(2)	(3)	(4)	(1)	(2)	(3)	(4)
	CI	ES	EE	CI	CI	ES	EE	CI	CI	ES	EE	CI
AGTP	−0.518***	−0.574***	−0.198	−0.533***	−0.056	−0.215***	−0.414***	−0.148***	−0.540*	−0.925***	−0.295	−0.550*
	(0.176)	(0.218)	(0.280)	(0.175)	(0.035)	(0.041)	(0.050)	(0.042)	(0.284)	(0.348)	(0.447)	(0.283)
AEGTP	—	—	—	—	—	—	—	—	—	—	—	—
ACGTP	—	—	—	—	—	—	—	—	—	—	—	—
ES	—	—	−1.065***	−0.134*	—	—	−1.286***	−0.276***	—	—	−1.064***	−0.120
			(0.090)	(0.073)			(0.081)	(0.088)			(0.090)	(0.074)

（续）

变量	AGTP				AEGTP				ACGTP			
	(1)	(2)	(3)	(4)	(1)	(2)	(3)	(4)	(1)	(2)	(3)	(4)
	CI	ES	EE	CI	CI	ES	EE	CI	CI	ES	EE	CI
EE	—	—	—	-0.149*** (0.045)	—	—	—	-0.235*** (0.051)	—	—	—	-0.147*** (0.045)
控制变量	已控制	已控制	已控制	已控制	已控制	已控制	已控制	已控制	已控制	已控制	已控制	已控制
常数项	6.135*** (0.216)	-2.627*** (0.268)	-1.283*** (0.412)	6.008*** (0.263)	5.370*** (0.178)	-4.069*** (0.208)	-3.822*** (0.406)	4.578*** (0.351)	5.580*** (0.113)	-3.248*** (0.139)	-1.495*** (0.340)	5.476*** (0.225)
观察项	200	200	200	200	200	200	200	200	200	200	200	200
R^2	0.046	0.062	0.454	0.099	0.016	0.147	0.594	0.113	0.022	0.063	0.454	0.074

注：括号内为误差项；***、**和*分别表示在1%、5%和10%的水平上显著。

附表 3　西部层面的中介效应回归结果

变量	AGTP				AEGTP				ACGTP			
	(1)	(2)	(3)	(4)	(1)	(2)	(3)	(4)	(1)	(2)	(3)	(4)
	CI	ES	EE	CI	CI	ES	EE	CI	CI	ES	EE	CI
AGTP	-0.327* (0.187)	-0.550 (0.391)	0.244 (0.202)	-0.180 (0.151)	—	—	—	—	—	—	—	—
AEGTP	-0.102** (0.040)	-0.085 (0.085)	0.005 (0.044)	-0.108*** (0.032)	—	—	—	—	—	—	—	—
ACGTP	-1.601*** (0.450)	-1.421 (0.967)	1.678*** (0.487)	-0.674* (0.382)	—	—	—	—	—	—	—	—

（续）

变量	AGTP				AEGTP				ACGTP			
	(1) CI	(2) ES	(3) EE	(4) CI	(1) CI	(2) ES	(3) EE	(4) CI	(1) CI	(2) ES	(3) EE	(4) CI
ES	—	—	-0.506*** (0.039)	-0.267*** (0.040)	—	—	-0.511*** (0.039)	-0.260*** (0.039)	—	—	-0.497*** (0.038)	-0.259*** (0.040)
EE	—	—	—	-0.563*** (0.056)	—	—	—	-0.570*** (0.054)	—	—	—	-0.543*** (0.057)
控制变量	已控制	已控制	已控制	已控制	已控制	已控制	已控制	已控制	已控制	已控制	已控制	已控制
常数项	5.007*** (0.280)	-3.356*** (0.587)	-1.694*** (0.329)	4.114*** (0.262)	4.605*** (0.174)	-3.984*** (0.369)	-1.428*** (0.245)	3.916*** (0.192)	4.624*** (0.171)	-4.000*** (0.367)	-1.371*** (0.237)	3.923*** (0.197)
观察项	180	180	180	180	180	180	180	180	180	180	180	180
R^2	0.139	0.012	0.514	0.455	0.155	0.007	0.510	0.485	0.183	0.013	0.541	0.460

注：括号内为误差项；***，** 和 * 分别表示在 1%，5% 和 10% 的水平上显著。

附表 4　粮食主产区层面的中介效应回归结果

变量	AGTP				AEGTP				ACGTP			
	(1) CI	(2) ES	(3) EE	(4) CI	(1) CI	(2) ES	(3) EE	(4) CI	(1) CI	(2) ES	(3) EE	(4) CI
AGTP	-0.457*** (0.167)	-0.714*** (0.245)	0.047 (0.188)	-0.360** (0.164)	-0.123*** (0.031)	-0.335*** (0.042)	-0.115*** (0.038)	-0.121*** (0.034)	—	—	—	—
AEGTP												

（续）

变量	AGTP				AEGTP				ACGTP			
	(1)	(2)	(3)	(4)	(1)	(2)	(3)	(4)	(1)	(2)	(3)	(4)
	CI	ES	EE	CI	CI	ES	EE	CI	CI	ES	EE	CI
ACGTP	—	—	—	—	—	—	—	—	−0.255 (0.210)	−1.512*** (0.294)	0.266 (0.240)	0.002 62 (0.213)
ES	—	—	−0.523*** (0.047)	0.024 (0.050)	—	—	−0.593*** (0.051)	−0.052 (0.055)	—	—	−0.509*** (0.049)	0.039 (0.051)
EE	—	—	—	−0.190*** (0.055)	—	—	—	−0.228*** (0.055)	—	—	—	−0.192*** (0.055)
控制变量	已控制	已控制	已控制	已控制	已控制	已控制	已控制	已控制	已控制	已控制	已控制	已控制
常数项	6.153*** (0.228)	−1.995*** (0.334)	−0.473* (0.269)	6.309*** (0.236)	5.170*** (0.189)	−4.111*** (0.255)	−1.084*** (0.295)	5.267*** (0.265)	5.664*** (0.145)	−2.774*** (0.203)	−0.381* (0.208)	5.970*** (0.185)
观察项	260	260	260	260	260	260	260	260	260	260	260	260
R^2	0.029	0.109	0.340	0.103	0.058	0.263	0.362	0.129	0.006	0.166	0.343	0.086

注：括号内为误差项；***，**和*分别表示在1%、5%和10%的水平上显著。

附表 5　非粮食主产区层面的中介效应回归结果

变量	AGTP				AEGTP				ACGTP			
	(1)	(2)	(3)	(4)	(1)	(2)	(3)	(4)	(1)	(2)	(3)	(4)
	CI	ES	EE	CI	CI	ES	EE	CI	CI	ES	EE	CI
AGTP	−0.344** (0.155)	−0.651** (0.316)	0.280 (0.269)	−0.275* (0.153)	—	—	—	—	—	—	—	—

（续）

变量	AGTP				AEGTP				ACGTP			
	(1)	(2)	(3)	(4)	(1)	(2)	(3)	(4)	(1)	(2)	(3)	(4)
	CI	ES	EE	CI	CI	ES	EE	CI	CI	ES	EE	CI
AEGTP	—	—	—	—	−0.047** (0.021)	−0.201*** (0.042)	−0.343*** (0.033)	−0.059** (0.025)	—	—	—	—
ACGTP	—	—	—	—	—	—	—	—	−0.328*** (0.076)	−0.529*** (0.158)	−0.526*** (0.134)	−0.324*** (0.078)
ES	—	—	−0.232*** (0.046)	0.079*** (0.027)	—	—	−0.345*** (0.042)	0.055* (0.030)	—	—	−0.270*** (0.046)	0.058** (0.027)
EE	—	—	—	−0.039 (0.031)	—	—	—	−0.084** (0.036)	—	—	—	−0.069** (0.031)
控制变量	已控制	已控制	已控制	已控制	已控制	已控制	已控制	已控制	已控制	已控制	已控制	已控制
常数项	5.345*** (0.194)	−3.255*** (0.397)	0.175 (0.368)	5.639*** (0.209)	4.930*** (0.099 2)	−4.143*** (0.197)	−0.276 (0.227)	5.255*** (0.148)	4.983*** (0.095 5)	−3.944*** (0.197)	0.349 (0.244)	5.307*** (0.139)
观察项	340	340	340	340	340	340	340	340	340	340	340	340
R^2	0.099	0.014	0.096	0.132	0.099	0.065	0.313	0.139	0.133	0.034	0.132	0.167

注：括号内为误差项；***、** 和 * 分别表示在 1%、5% 和 10% 的水平上显著。